面对那么多讨人厌的事

如果可以简单
谁想要复杂

昝莉 著

北京联合出版公司
Beijing United Publishing Co.,Ltd.

图书在版编目（CIP）数据

如果可以简单，谁想要复杂 / 昝莉著. —— 北京：
北京联合出版公司，2017.1
ISBN 978-7-5502-8952-9

Ⅰ．①如… Ⅱ．①昝… Ⅲ．①人生哲学－通俗读物
Ⅳ．①B821-49

中国版本图书馆CIP数据核字(2017)第257739号

如果可以简单，谁想要复杂
作者：昝莉
选题策划：北京慢半拍文化有限公司
责任编辑：管文
封面设计：胡椒设计
版式设计：大观世纪

北京联合出版公司出版
（北京市西城区德外大街 83 号楼 9 层　100088）
北京山华苑印刷有限责任公司印刷　新华书店经销
字数 250 千字　　880 毫米 ×1230 毫米　1/32　　6 印张
2017 年 1 月第 1 版　2017 年 1 月第 1 次印刷
ISBN 978-7-5502-8952-9
定价：36.80 元

1
One

简单的梦想

2
Two
简单的自己

3

简单的关系

Three

4
Four

简单的爱

序

如果可以

简单，谁

想要复杂

刚出生的时候，我们都是简简单单的小婴儿，而在岁月的挤压下，我们把生活过成了狗血剧。

其实在每个人心里，都会有一个美丽的远方，不管我们走多远的路程，始终要回到原点。我们要时刻保持着最初来到这个世界的本心，像孩子一样单纯地思考问题，很多事情就简单了。

这是励志鸡汤文中经常出现的文字，太多人鬼哭狼嚎着，呼吁我们把复杂的问题简单化。这简直就是站着说话不腰疼，怎么简单化？不去做想做的事，不去喜欢想要喜欢的人，也别去挑战和冒险，如果你按照我说的做了，你会发现生活好简单。但是，这种活着和死亡有什么区别？

我们想赚钱，想拥有很多朋友，想拥有那个爱自己的人，想去做很多很多想做的事，这就注定我们逃不过复杂的人生。只有一路上经历各种跌跌撞撞，最后一刻，你拥有的才是最真心的。

我们喜欢简单的事和简单的人，但生活永远不会平静，也不会简单。

我们无须判定简单与复杂，只要清楚哪些是你想要的，从你想要的当中，再挑出你最想要的，用属于你自己的方式努力去实现。我们总是过度看中别人眼中的自己，呈现出来的往往也是想要别人看到的自己，而不是真正的自己。那些人未必认识你，也就更没有资格去评判你的人生。

做媒体工作十几年，遇到过很多人，去过很多地方，才知道被爱是最珍贵的，简单是最难的。那些讨厌的人和讨厌的事，喜欢的人和喜欢的事都被我记录下来，他们都是我身边真真切切存在的人，当然也可能是你，可能是你身边的人。如果故事发生在你身上，你会怎么做？

希望这本书能够带给你勇气，做自己的勇气，被人讨厌的勇气以及向复杂的事物妥协的勇气。

特以此书感谢辉煌连线的董事长刘大川先生的支持和鼓励。同时感谢每一个帮助我和关注我的人！

昝莉

1
One

One

生活只有像疯子一样的过，才能够忘记生命给我们的颠簸

前段时间特别流行一句话：世界这么大，我想去看看。热搜上了好久，出版界、娱乐界几乎都在为这句话点赞，还有网友神回复——首先得有钱。要说世界大这谁都知道，但即使有钱的也未必真的会去看看。至少，在当今中国，这样洒脱的人还不算很多。

现在流行的东西很多，一句话、一张图、一个口号、一款服装、一个包包，所有的都是来势汹涌，让你不及防备就已经来了。所以我们为了站在时尚的前列，不让自己和生活翻船、不让自己和自己的理想翻船、不让自己和自己热爱的一切翻船，谈何容易……

小樱桃是个爱玩的姑娘，我猜她打从娘胎出来就抱着

要去环游世界的念头。她读过很多书，杂七杂八的，琼瑶的、张爱玲的、莎士比亚的、尼采的、川端康成的、蔡骏的……古今中外玛丽苏都有涉猎，当然她最喜欢的是安徒生和宫崎骏的。她向往着那些梦幻而又疯狂的世界。

"樱桃，你工作挺稳定的，好好干。"

樱桃推了推眼镜，莫名其妙地望着我："姐，这可不像你说的话，工作是啥，就是让我能继续疯狂的暂时的伞。"

没错，她不是别的姑娘，她是樱桃。她赚到的工资大部分用来"探险"去了。大学的时候，她曾在一家酒吧打工，端盘子。春节大家都回家过年了，她还在酒吧端盘子。她不缺钱，用她的话说，她缺一点"人味"，经历得多一点，才更有"人味"，有点历经八十一难才能取得真经的味道。可能上苍是知道了小樱桃想历练自己的心思吧，最后女老板赖账没有给小樱桃结算工钱。小樱桃也够洒脱，要了两次没要到，也没继续要。她说："这里失去的，终究有另一个地方还回来。"

凡是认识她的人都对她佩服得五体投地！因为这年代

能够自己给自己定目标，让自己吃苦的人真的不多了。

英语接近于文盲的她打算去塞班岛看看，也没什么行李可整理，也没查什么攻略，买了张特价机票，是那种需要从韩国转机的。到塞班的时候已经凌晨了，好不容易颠簸到了酒店，她掏出类似旅行英语手册之类的一本书，翻了翻，找到自己想要的那句读了出来：Excuse me，Could you give me a small charge？（请问能不能帮我换点零钱？）因为小樱桃知道国外流行付小费，她换了100美元零钱。就这种英文水平，竟然在那儿玩了一周，潜水、开飞机样样都要尝试，听说书都要翻烂了，回来后英文大有长进。

我也是英语不行，那种想学英语的冲动，就像减肥一样，每日相伴，不离不弃。但是始终都不能得到解决。就是和外国人住在一起，我的英语也是进步迟缓。可能和我中文太好的缘故有关。

小樱桃的生命里，除了旅行，就是他了。歌手C，小樱桃对他如痴如醉。有段时间，那个歌手的行程就是她的行程，他去哪儿，她去哪儿，直到他已经认识了她。

"哟，你又来了！"

"嗯，明天继续见啊！"

为了买张演唱会的黄牛票，小樱桃花了半个月工资，心疼得直跺脚。她心疼的倒不是钱，而是位置不是第一排。一顿呐喊，或者用哭喊更恰当，两个小时后，她嘶哑着嗓子出来了，好几千块钱没了。我说小樱桃你图啥，他又不能娶你。

小樱桃笑着说："他想娶我，我还得考虑考虑呢，再说我妈也不会同意。"

听惯了小樱桃的疯言疯语，我倒也不觉得奇怪了。

"青春没有几年，能够疯狂去爱，也是一种血性，人证明自己活着不能仅仅靠呼吸，爸妈养我长大，最希望的不就是我快乐生活吗？没几年，我喜欢的歌手可能就消失不见了，我的热爱可能也跟着暗淡了，我要对得起我的人生，也尽量去给爱过的一切添加美好。"小樱桃一本正经地对我说道。

事实也如她所说，没几年光景，那个歌手渐渐退却了光芒。小樱桃把这份美好用"疯狂"珍藏了起来。

我经常说小樱桃，那么爱出去玩，为啥不搞个高端点的设备，多拍些美丽的照片。小樱桃说："没有比眼睛更高画质的相机了！也没有比内心内存更大的存储卡了！"

7 月中旬，正是差不多最热的时候，小樱桃疯了，她去了台湾。她一直钟爱小岛，她说台湾岛形状像泪滴，她是一条自由自在的鱼，一定要去游一圈。传说中的日月潭什么的景点她都没去，听说去了南部的小城吃吃喝喝了。回来的时候黑的跟刚从煤堆里钻出来的似的，还背了一堆书，说是要练习繁体字。

小樱桃说到做到，现在写繁体字跟飞似的。

其实小樱桃也不是没烦恼，她的右手生来就长有肿瘤，天气过冷过热都会疼，字写多了也会疼，总之要爱护才行。有时候肿得像馒头似的，疼得她天昏地暗的。好在是良性的，她为此十分感恩，也因此更加爱折腾，觉得这才对得起生命的馈赠。

我摸出手机想要打电话给小樱桃，想和她聊聊最近的新鲜事。可是，电话里传出已关机的回应，估计又在哪个岛上肆无忌惮呢。

忘了从哪儿看到这样一句话：人是被时光拉弯的弓……心下不禁生出许多感慨，人，从出生到年老，这一路走来，真的是被时光的手臂拽着，直到把人的身心都拉成一把弯弓，只是，没有弯弓的那种剑拔弩张的霸气，有的只是对岁月无奈的叹息，还有对这一生那低头一瞬间的回首。

有时候疯狂一点不是坏事，疯狂一点，才能忘记生活给我们的颠簸。

有一种落差是，你配不上自己的野心，也辜负了所受的苦难

很多人，最大的野心，就是出国。甚至很多人内心都有火辣辣的四个字——环游世界，还有一些人心中有一张SVIP——美国绿卡。我身边就有好多人为此奋斗着。

这也不仅是年轻人的野心，更是很多父母的野心，因为要让自己的孩子去留学，上个世纪七八十年代开始，出国留学就成了"镀金"的最佳选项。留学似乎被套上光环一样有了固定化的模式，就是，就读好的学校＝找到五百强工作＝高薪＝嫁给高富帅（迎娶白富美）走向人生巅峰。

就这样，好多人热血沸腾地前往世界各地，然后，谁成了扎克伯格？谁又成了马云？大浪淘沙后，依然逃不掉平凡。

曾听弟弟讲过他朋友布兰德的故事：

布兰德是个学霸，智慧过人。暑假在世界最大的服务机构毕马威实习时被经理看中，打算等他毕业后就录用他。在很多人眼中，他已经是潜在的 CEO，对于这个身在"天才神坛"的人，大家对他的梦想感到好奇，一定是惊天动地的吧。他却说："有一份不错的工作喽，没有什么太大的想法。首先公司在曼哈顿，我开始没什么钱可能要跟父母住，最大的目标是能攒够钱搬出来自己住，然后过几年买个小公寓，等跟我女朋友工作都差不多，我们就买个大房子然后有时间出去玩一玩，有机会可能自己出来做点事情。"这一切听起来都很平凡，至少看不到他的野心。

这不禁让我想到很多孩子的作文，还记得小时候的作业"我的梦想是什么"，第二天在作文发表会上，每位同学自豪满满地朗读自己的作文，科学家、博士、国家领导人、天文学家……总之是这个家那个家，成了吹牛大会。尽管有着这样那样的野心，但依旧该迟到迟到、该逃课逃课，我估计老师们心里的想法应该是：你们逗我玩呢？

当然，我并不是说想当科学家的人必须好好上物理课，或者最后真成为科学家才算成功，我想说的是勇气和决心，改变自己的勇气和决心，配得上自己野心的勇气和决心。如果野心大于生活，那就变成了贪念。

张朝阳在他的文章中描述那些在美国留下来的人："如果你把时光压缩一下，比较一下这些人在出国前怀有的满腔抱负和他们现在在美国所处的境况，就会发现他们在自己的理想和抱负方面大打折扣了，也就是说他们已经对自己无所求，求的就是稳定和安逸的生活。在我认为稳定和安逸的生活就是一种成功。"

这段话实在感人，当你的梦想和抱负打了折扣，也不代表你对自己别无所求。

蓝，是个泰国人，在美国给人家做保姆，她家境是不错的，从小一直上私立学校，大学毕业自己开了个小公司，因感情原因决定出国，三年来一直做保姆，做得很用心很好。她也在存钱、找男朋友，为提高自己的生活质量而努力，但是从来没有觉得保姆这个职业辱没了自己。

李，也在美国给人做保姆，但只做了两天，就不见人了，因为她觉得当保姆太丢身份，虽然英语听不懂、尿布不会换、车也不会开、诚信不知为何物，但是她是大学生啊，怎么能伺候人呢？黑了身份不怕，只要有出人头地的可能，那就不叫非法打工，而叫作"拼搏"。

问题来了，她们谁会比较快乐？李的结局我不知道，但蓝每天吃喝不愁，还时不时帮邻居们看看孩子，赚点外快，周末和朋友出去泡吧、上上课、学烤蛋糕、做指甲，她说给自己五年时间，攒钱寄回家盖房子，现在房子已经开工了。对于回不回国这个问题，她的答案是：如果五年内在美国找到了一个好男人，就留下来，否则就回去，不管在哪儿，她会自己开个蛋糕店。美国人夸人有一句话，叫作"rock solid"，细解就是"一个人的自我定位像石头一样稳当"，我觉得她会很快乐，因为她 rock solid.

给自己的定位是能否感受到幸福的关键。我不是在叫你甘于平凡，而是如果你一旦平凡了，也要让自己的幸福在平凡中吊炸天。

即使每天的日子爬满了琐碎，也不惧不躁。我要求自己不管多忙多累，也要拿出时间和先生约会做爱。我认为这很不容易！我对周围每一个做到了这些的人都真心佩服。

曾经我也追着我那包藏巨大野心的梦想向前跑，在我有一次被莫名的沮丧击倒以后，我先生很平和地总结说："你啊，总是追在一个比生活更大的东西后面跑……"我当时如醍醐灌顶。

对我们来说，最重要的不是稳定和安逸的生活，而是得到了一个关于稳定和安逸并不可耻的认识。

稳定和安逸每个人都想要，而这恰好也是最伟大的梦想。而伟大其实就是无数的平凡、重复、单调、枯燥地做同一件事情，从而成就伟大。不管是在一条路上走到黑，还是多方面的尝试，只要狠下心来改变自己，也不算辜负你所承受的一切。

有些节目喜欢问别人你的梦想是什么，而答案往往都是很远大的。野心过大的人，内心装的更多是欲望，而不是梦想。现在还有好多孩子说，长大要当总统，有趣的是很多人还在为此鼓掌。我想问你是否有按照总统的要求在要求你的孩子呢？还有，中国根本就没有"总统"这个词。这不是梦想，这充其量只能说是幻想。

幻想伤身。

在犯错中坚强，
然后活出光芒万丈

　　小绵羊是个漂亮的男孩子，嗯，你没看错，是个漂亮的男孩子。从小时候开始，小绵羊便与众不同。小绵羊很爱美，比好多女生都爱美，也爱名牌。可惜小绵羊有王子的心却没有王子的命，他没有出身华丽的家庭，于是就编造理由向朋友借钱挥霍。

　　就这样，小绵羊过了几年奢侈豪华的生活，但终究还是"落入了凡间"，大学毕业后，他来到北京打拼。北京的生活原本还是挺美好的，他收入不菲，但他有着年轻人身上的"作"，一度生活混乱，各种玩。这种"作"的后果很快就降临了，他患上了HIV，他不敢面对这个现实，更不敢面对朋友和家人。人也许只要到达一定程度才会幡然醒悟，小绵羊正是如此。

我们见过很多这样的男孩子，他们在路上的时候，只顾着潇洒走一回，忘记了身上肩负的责任和生活原本的节奏和梦想。

小绵羊就是这样的人，他只身来到北京这个大城市，原本对自己有要求，希望靠自己的努力，能够收获赞美、喜悦、机会。

但是当他一再惊受打击，一蹶不振的时候，缺少了正确的办法，一错再错，终于在路口走错了方向。

只有经历磨难，我们才会成长，病症的突然袭击让小绵羊从醉生梦死中醒了过来。他一改之前的懦弱，仿佛只是那么一瞬间，让他明白了这世间的所有恩怨都不如生命更重要。要活着，一切才有意义！

他用了两天时间和我深度沟通，其中包含了悔恨、包含了感动、包含了责罚，当然还有他幡然醒悟的蜕变！

他希望用他的故事，唤醒更多的人，让大家能正视到已经发生的事情，用积极的心态去面对，一切都还来得及！

　　自欺欺人最后害的还是你自己。"你以为你伪装得很好，其实谁都不是傻子，别人早就知道了，只是不愿意去拆穿你而已，总是自欺欺人，你活着累不累？当你失去健康，就真的没有回头路了，聪明是一种天赋，而善良是一种选择，愿更多的人选择善良，选择卸下自己的伪装。人活在这个世界上，一定要回归初心，回归最原始的自己，做一个善良的人。这些年一个人在外面上学，从上大学开始离开了父母，到一个人离家在外，在外面打拼。渐渐的，我发现自己变了，变得自私、任性、物质、浮夸，一切美好的东西都消失了。举止动念，一切唯心变。人只有回到最纯粹的自己才能得到解脱。佛经里讲，人活着都是因为贪嗔痴，如果你能看透这些，你就不会再被贪嗔痴所控制，能救你的人只有你自己，只有自己才是自己的导师，人只有破迷开悟，才能真的从轮回里得到解脱。人活着，生老病死苦，即使你腰缠万贯，财富、地位、名誉这些东西，你死了都带不走。人经历的痛苦磨难越多，越是在考验你的潜力，战胜它，会飞速前进。苦难经历的越多越能磨练你的意志力，患上重病不可怕，经历过的所有苦难都不可怕，最重要的是站在苦难面前，你的选择。"

住在医院的小绵羊写下了这段话，这让我有些感动。年轻，就是用来犯错的。犯的错多了，便成了一条平坦大路。叛逆谁都有，但不是所有人都有魄力承认自己的过往。

回首过去，谁没做过几件让自己脸上无光的事情，你能否勇敢地去面对过往？也别觉得这个世界多么对不起你，你现在流的泪就是之前脑子进的水这句话实在太精辟了，但这句话的原作者恐怕少说了下半句，重要的是要擦干眼泪前行。

日子往往过得比高速公路飞奔的汽车还快，我们总能听到各种各样悲惨的故事和经历，总有过得不如自己的，也总有比自己更精彩的，但很多人把日子过成了 PS 照片，忘了最原始的自己。这才是最可怕的。即使你做错了一些事，其实也没有人 care，生活这么辛苦，谁有时间长期关注别人的日子。只要你能在犯错中坚强，然后再活出万丈光芒。

所谓"哀莫大于心死"，希望不死，生命便总会闪着光。不管你的错误有多大，只要你有所成长，那这场错才犯得有所值。哲学中所说的人们的认识是存在局限性的，活着的任务就是不断地消除未知，不断地去除无知，不断地改正错误的认知。如果从出生开始，你做的一切都是正确的，慢慢地，你也会发现生活索然无味。

比小绵羊犯下的错误更大更多的大有人在，这也不是什么可怕的事情。最可怕的要么是你不知道自己错了，要么是你明知道自己错了还要继续放任自己。曾经去过戒毒所，看见从那里走出的青年，我很佩服他们，尽管曾经他们错过，但并没有陨落，经过了苦痛与挣扎，获得重生，这不也是每个人的人生写照吗？

我们没有想在故事里面讲道理，也没有想在道理下面说故事。我们只是希望大家勇敢地活着，只要活着，一切都还有希望！

宁在孤独中为王，
也不在繁华里为奴

微信的横空出世，把这个世界变得更小了。聊天、开会、代购……那叫一个热闹。遇到一个没有微信的人就跟碰到一个外星人似的，好多老外也被微信迷得五迷三道。

我记得有一句话特别经典：如果要是在一起不看手机，分开后秒回信息，一定是真爱！说这句话的人你确定吗？分开后他宁可玩手机都不给你打电话，只是秒回个信息就真爱了？

我有很多微信群，但很多是工作需要。所以虽然群多，但话并不多。可有一个群，我不得不每天都要去看。因为是孩子学校的交流群。原本我认为孩子学习这个事情，只要尽力就好了，我希望她能在一个健康、积极的心态下度过童年时光。但我慢慢地对孩子有了要求，而这些要求并不是当初我定好的期许。学校会在微信群里发布通知，会在微信群里留作业，会在微信群里给家长叮嘱学校的各种需求，会在微信群里把今天考100分的孩子的照片公布出来！

当我发现我也想看到照片上出现我的孩子的时候，我便开始要求她，孩子真的会因为要上照片而莫名地努力着。这样一段时间之后，我发现我和孩子的目的都是照片。

孩子放学回来会要求我一起写作业，很多时候她并不知道留了什么作业，然后我们就拼命地翻看聊天记录寻找作业。这对工作忙到癫狂的我来说，真不是一件轻松的事情。我为此批评她为什么不记得自己的作业。孩子无辜地告诉我，老师都留微信里了，让家长看了。我在心里默默地念叨，难道是家长在上学吗？

微信不应该只是个联系方式吗？每天跟秀才看榜似的，等着盼着看微信群里的照片，你以为家长都喜欢？

No！那是因为孩子在学校手里啊，弄不好"撕票"了咋办？

又一天，英语老师在微信里留言叮嘱孩子们带蜡笔。第二天，我的孩子没有带，当然是因为我忘了。于是我鼓起勇气在微信里找到班主任，默默地留言道：

亲，英语老师貌似很多时候留作业或者带东西都不和孩子们说！你提醒她，上学的是孩子，不是家长啊！对吧？我们只能辅助管理！不能一直盯着手机看留什么作业！你说呢？最好告诉孩子们留什么作业！群里只是备忘……

哦，我告诉她！

不急啊！

没事！我也是觉得应该这样！或者和三班一样搞个记作业的本子，有作业孩子写上，回来就知道有什么作业……总微信看不见就过去了。

行！

我一般都是截图给家人，才知道有什么作业，看不见就忘了。

哦。

我们上学的时候都是有个本子，把作业写上，或者带的东西写上！也让孩子学会对自己负责。

我练他们啊！

不然都依赖家长！

好。

我知道你特忙！可是毕竟家长没去学校啊……

嗯。

下周准备记事本。

你真好！我就是什么都敢说，说的不对你别介意啊！咱们上学的时候都是靠自己。

时。

尤其是英语老师，说一堆，往群里一放，完事了。

呵呵。

孩子回来傻瓜一样！啥都不知道。

我会提醒她。

弄的家长翻聊天记录，下次收藏一下就好了。

还是你明白！谢谢你亲爱的。

别客气。

另外一天，另外一个老师又在群里留言：xxx 没有带铅笔盒。

我果断回复：正好长个记性！下次就能记住！

孩子姥姥看到留言，非要给孩子送去。我死命拉住她才没去。

我宁可孩子一天没有笔用，也不愿意她过分地依赖别人。

事后，我在微信朋友圈，默默地感叹：我一直思考一个问题，我们上学的时候没有微信……如果现在没有微信，学校该怎么教育孩子？我们上学的时候都是怎么沟通的？用微信吗？

我们应该培养我们的孩子，好好学习，要告诉他们对自己的事情负责，对自己的决定负责，对自己的快乐负责。

而不是依赖家长，如果有一天，没有我们的呵护，他们靠谁呢？

应该让孩子从小就学会照顾自己。拥有良好的自尊心，健康成长，善良而美好，只为快乐！

如果一个学习优秀的孩子和一个心智健康的小孩，我宁可孩子学习一般，但是心智健康。我不要一个为了上照片而努力的小孩。

孩子们的心里可能会因此变得爱攀比，他们的努力也变得莫名其妙，而家长就变成了浮华的观众，每天望眼欲穿地期盼着自己孩子能上照片榜。

然后，你以为这就完了？有人在，就会比较，比较和攀比也是一线之隔。咱们小时候可能会比谁的布娃娃好看，谁有变形金刚，而现在的宝宝们比的我都不懂。比谁的护照上盖的戳更多、比谁上的补习班贵……我特别想问的是：然后呢？然后，不过就成了繁华中的奴隶。

我特别庆幸，自己早生了好几年，我听过一句话：未来的世界，不仅孩子要NB，爹妈也不能拖后腿。

这个观点乍看上去没问题，全家共同进步嘛。但是不要忽略了，个人是一个个体，爸爸是爸爸，妈妈是妈妈，孩子是孩子，爸妈爱孩子，但不是一切为了孩子，不是一个整体。如果什么都靠父母，还要学校做什么？

我知道这篇文章出来，会坏了事情，会有争议，但是我还是写了。

真正的王者就是每天努力让自己成为王者的状态，努力永远没有错，但奴隶万万不可做。要记住：宁在孤独中为王，也不在繁华里为奴。

每个人都在努力，
并不是只有你满腹委屈

总能听到这样的话：国内就这样，要是在国外巴拉巴拉……

请问：在国外又怎样？

仿佛从古至今，国人都觉得"远来的和尚会念经"，也因此总是神话外国人。他们总是被贴上"多金""浪漫""素质高"等等标签，可贴满了这种标签的，恐怕不是外国人，而是外星人了。

工作关系让我有机会接触到很多外国人，艾希是其中之一。来自瑞典的艾希是我很喜欢的男孩，因为我们住在一起，他经常出现在我的视线内。和很多中国男生不同的是，他很勤快，每次来我家都会帮着做家务，即使是女孩子用的小东西，他也会分类帮你摆放整齐。叠衣服、整理被褥更是不在话下。自由洒脱的他，也有着传统的一面，甚至传统到让其女朋友感到难以呼吸。

艾希的眼睛是蓝色的，头发是黄色的，性格极好，在一起的这段时间我从来没有见他发过脾气。我们经常一起逛街，他每次都很细心地跟在我们后面，像一个安全保卫员。因为他实在是太帅了，经常有女孩会看他，他笑着告诉我们他都知道。过年的时候他邀请他的两个好朋友到家里做客，我们一起庆祝了新年的到来，他们兴奋得像个孩子一样到楼下听炮竹的声音，不，确切地说，他们就是孩子。因为和我们在一起生活，他的中文进步飞速。现在就是楼下老大妈议论他，他都能听得懂了。他还会操着外匿的普通话和对方打招呼……

前几年，我们总能听到某些留洋回来的艺人哭哭啼啼讲述自己在国外多么不容易，受过多少苦，那满腹委屈的样子让不少粉丝不停抽手纸。我只是想知道，谁比谁容易多少呢？

反观在中国的外国人们，他们也没有多么如鱼得水，并不是有着蓝眼睛高鼻梁就能混出名堂来。他们也有书生和痞子，也有精英和人渣！

我再来讲一个精英。

思密达，注意，他不是个韩国人，是个英国人。英国人是我比较欣赏的，都知道英国人绅士，他们说着纯正的皇家英语，区别于其他说英语的国家。他们会主动付款，主动给女士开车门。在外貌协会的观念来看都是比较满意的英俊的俊男靓女。他们承袭了民族的高贵气质，即使到了中国，仍然沿袭下来，有时候会包容很多事情，看透不说破，但是他们都明白。

思密达有个特别的爱好，做料理。他经常骑着摩托去菜市场买菜，那里的大爷大妈都认识他。他居住在北京鼓楼附近的小胡同里，跟个地道的北京人一样，儿化音讲的闭上眼睛听，根本傻傻分不清楚。他中餐西餐都喜欢，没事儿还会推着小车吆喝着售卖自己做的小吃。

北京的冬天也是能把人冻掉牙的，他穿着时尚复古的中国传统军大衣推着三轮车，笑着叫卖着，时不时的还来上一段相声贯口。偶尔也教人做做料理，后来听说还出了关于料理的书，打破了人们对英国人不会做料理的固有观念。

但你以为他就这么顺利？奥运会之后，北京火速发展，对外国人已经见怪不怪了，英国人的脸庞并没有给他带来过多的好运，但他依旧做着自己喜欢的事。

在北京的人都知道，望京和五道口是韩国人聚集区，来到这两个地方，仿佛你已经来到了充斥着欧巴与美女的韩国。但在这里生活着的他们，并不是韩剧，也要忍受堵车、加班的压力，不堪重压的也会逃离归国，同样，他们也买不起帝都的房子。

生活让我们学会了羡慕，我们时常羡慕美国人的随性、法国人的浪漫、德国人的严谨……可要知道，他们也在努力生活，也许他们有着和我们不同的生活方式，他们不愿意攒钱买房，而喜欢环游世界；他们不太追求LV，而追求舒适与自由等等，这也不是说我们就一定不好，人各有志，相互理解。

其实真正令人担忧的是，国人提起祖国，总是以"人多"为话题，亦或是"五千年文明古国"。但要知道，这不能成为我们永久的资本。我们人多，可道德低下的人也多；我们历史悠久，但却少有传承，很多中国人都不再是中国人了。中国人应有的谦逊、有礼、儒雅应该是回归的时候了。

当我们不仅经济飞奔，教育和国民素质也迎头赶上的时候，那才是真正的中国。前提是每个人都要做好自己。

很多人崇尚着、憧憬着美国，认为美国各方面都在世界前列，仿若美国什么都好，但要知道，美国人也在努力生活，也有各种艰苦与黑暗，美国也不是世外桃源。

每个人都渴望，哭了，有人慰；累了，有人依；苦了，有人疼。可现实告诉我们，哭了，要自己擦干眼泪往前走；累了，歇歇脚，还要继续往前走；苦了，给你自己打打气，依旧往前走。这就是现实。每个人都是如此，国内如此，国外也是如此。

不妄自菲薄，也不妄自尊大，时刻记着，你的满腹委屈没人关心，你的满腹委屈别人也有。

你得有本事，
才有资格任性

在我的城市里，每天奔波的人不计其数，他们之中，有的人收入高，有的人收入低，各凭本事。

地球没谁都一样转得很嗨，因此每个人都希望尽量凸显自己的价值。

X小姐在我所在的公司里工作了7年多了，只要公司有了新的项目，都会调派她进行相应的管理。虽然学识、技能、专业操守并不出色，但是也还算安分，公司对她也有了一些基本的信赖。但7年来，她重复做着自己的工作，除了年龄在增长，其他各方面毫无长进。周围来来往往的新老员工，她从不放在眼里，认为自己工作时间久，有阅历，慢慢地，她开始参与到公司内部的"后宫争宠"

中，甚至连新来不久的上司也开始顶撞反驳，不分场合，不分时间。

一次会议中，上司指出 X 小姐已经至少两次未完成他交代的工作，她不以为然，上司为了以儆效尤，提出罚款 50 元。X 小姐带着那种天然的自我优势说道："扣吧。"接着上司开始布置任务，X 小姐竟然毫不留情面地说："我不做，这不是我的工作范畴！"

X 小姐的任性不仅引起上司的不满，周围同事也对她怨声载道。

我经常能听到一些年轻人吐槽公司、吐槽老板，老板与员工，就好像婆媳关系一样难处。而钱就是这对"婆媳"之间的"儿子"。儿媳如果想得到婆婆的认可和爱，除了要爱婆婆的儿子，也要真心待婆婆，更要知道自己的位置和价值。自己没什么本事，还天天任性，那不就是作死吗？

最近有个现象很有趣，我没事愿意和一些年轻人接触，尤其是 90 后、00 后，我发现，越是能力强的人越努力，越是想提升自己，他们大部分时间都在学习，学习自己感兴趣的领域，在职场上反而很谦逊。而越是资质平庸，没什么能力的人越自大，越不愿意去拓展自己，他们大部分时间在刷微博、刷朋友圈、聊八卦，这些人在职场上往往很高傲任性。

我还经常听到人说这样的话：他那么了不起，还不是和我在同一家公司。这种话真是愚蠢至极。在同家公司，所体现的价值是一样的吗？就好像时尚圈有句话，撞衫并不可怕，我有本事穿的比你美。都是同样的道理。

回想自己的工作，你在你从事的领域里，是不是每天穷忙，觉得自己好累，老板好变态，薪水又不高，总是拖每年网络爆出的城市平均收入的后腿，鸡汤书看了一本又一本，还是过不好。其实，鸡汤从来不假，没有欺骗你，只是人们的思维更新得太快，太多新生事物涌现，让人们的想法开始跳跃式发展。但不管怎么发展，本事始终是第一位的。

这里我不得不提一下我家楼下神一般的发型师。以前做头发，一走进美发店里，各种年轻帅哥都美女美女地叫着，一边端茶倒水地伺候着，一边探听你的需求。这个大神每天只接一个客人，必须提前一周预约，他必须坐着操作，而且如果你想做的发型他觉得不合适坚决不做……

有一次我准备参加个派对，着急做造型，就想着自己光顾过几次了，也算是常客，加个塞总要通融一下的，谁知还是吃了闭门羹。

但之所以我一直能"容忍"这么任性的发型师，是因为他神一样的本事。凡是经过他手的头发，真的跟"整容"一样。据我所知没有不满意投诉的客人。而且他懂很多，有关头发的古今中外的故事和传说，还有一些知识，他都讲得头头是道。换句话说，他的这些本事，足以支撑他的脾气。

所以，在你抱怨、耍脾气的时候，记得审视一下自己，看看自己手里的底牌，别让自己输得太彻底。

有的笑容背后是咬紧牙关的灵魂

有一个职业是美的化身，她们时刻可以让你感受到万丈光芒，那就是模特。她们身材高挑，相貌出众，气质优雅，形体媚人，她们经常被羡慕，也经常被误会。

但人们看到的往往是她们的美貌、身材、时尚和性感。而又有几人真正了解她们艰辛的生活，又有谁懂得她们的世界，能理解和尊重这个群体呢？

工作原因，我常年和这些年轻的女孩们在一起，我平静地观察着她们工作和生活中的点点滴滴，体会着她们的艰辛和不易，分享着她们的快乐和眼泪，钦佩着她们的执着和梦想。

你只看到模特们光鲜亮丽、美丽动人，却没看到她们每天长时间穿着 10 多厘米的高跟鞋长期站立还保持微笑。高跟鞋和双脚老茧就是她们的标志；你只看到模特苗条的身材，但你却不知道她们的生活中没有晚餐，看着美味佳肴只能垂涎欲滴；你只看到模特这个行业的高收入，但你却不知道每次工作的报酬到了她们手上早已寥寥无几；你只看到了模特有经纪公司的带领，但你却不知道经纪公司往往是为了利益而站在客户那边，客户的要求尽力满足，而模特的诉苦却充耳不闻；你只看到模特在展台上出现了一小会儿，觉得她们的工作是这么轻松，但你却不知道她们早早就起来准备服装和妆容，晚上回到家已经是凌晨；你只看到了模特的唇红齿白，但你却不知道劣质的化妆品涂抹在她们脸上一整天，她们的皮肤状况每况愈下；你只看到模特站在华丽的展台上，但你却不知道她们参加的几乎所有的活动都没有准备给她们用的休息室或化妆间，都是被遗弃的角落，有时候脏，有时候乱，还有时候连坐的地方都没有，随便一个角落，就是她们的栖身之所，她们没有怨言。

虽然她们很努力在为自己争取，但她们也都明白，模特这个行业有自己的职业周期，T台是一个极其严苛的舞台，如果有一天你胖了，你老了，你姿色不再，很快你就会被淘汰出局……

智文是书香门第的女子，她喜欢读诗词，时尚外表下掩藏了一颗细腻、真实的心。

在成为模特之前，她是在松江大学城下课后熙熙攘攘地去食堂买杯蛋羹的普通大学生，大致看起来也只是比其他人个子高一点而已，只是偶尔在书报亭能够看到自己拍过的杂志，商场外巨大的LED大屏上挂着最熟悉的那张脸，才突然意识到自己是个模特，满足感顿时油然而生。而与此同时，她也正在上演着学生和老师斗智斗法逃课请假去工作，面试各种大秀、杂志、时装周等。这几乎也是很多模特从事这个职业之前最普通的生活。

大家看到的她总是充满阳光，充满正能量，谁也不知道背后那些咬紧牙关的故事。写到这里我突然想到前几天一档电视节目中出现过的一个年轻人。她为了自己能够成为名演员，也就是大家口中的"明星"，整日逼迫父母拿钱给自己去整容，她认为只要自己颜值提升了，就能红了。那些颜值低但却很红的演员要么是命好，要么是受到了"潜规则"，总之自己没红就是因为颜值不够。这感人的智商让现场的主持人也气到崩溃。

想要成为自己喜欢的样子，就要做好付出一切的准备，要详细了解背后的艰辛，然后下决心坚持。有很多笑容背后是咬紧牙关的灵魂，如果没有这样的魄力和意志，那么就放弃吧，然后也别埋怨世界，更别埋怨自己没能活出自己想要的样子。

不在理想中壮烈，就在现实中苟活

有人说，幸福的女人应该像四条腿的桌子，要有一定的经济收入和工作能力，有品味不俗的朋友圈子，有美满幸福的婚姻和爱情，有健康的身体。可完美总是相对而言的。就像只拥有三条腿的桌子的女人，也能够安身立命，因为三点也是可以支撑起一个平面的。强者自强，立者自立。

当下社会，有太多的诱惑，让我们会短暂地迷失方向，寻找不到自我。纷杂的社会大环境也让我们在竞争面前，没有示弱的余地，因为没人会对女性区别对待。

还记得以前，没有微博、微信的时候，我们经常会被电视上播放有关励志女性的报道感动得潸然泪下……那时候的我们被围绕在一个追梦的时代里。但是当下，我们却被更多的"打折"信息困扰，困扰在一个完全是商业模式的信息时代。

我记得蒋方舟先生在一篇文章里提到：14 年前，刚刚退学的韩寒，带着自己刚刚出版的《三重门》参加央视一个叫作《对话》的节目。其中谈到年轻人的出路，同时还有一些关于"追逐梦想""初生牛犊"的演讲故事，这是时代为年轻人制造出来的一种幻觉：只要有梦，追逐几步，就能成功。

如今你打开电视或者网页，你会发现满世界都是"梦想成真"的人。他们，歌唱比赛得了冠军，创业获得了 B 轮融资，实现了环球旅行，等等。整个社会热情地向你伸手，邀你做梦。这是一个最好的时代吗？不，但也不是最坏的。因为我们生活在时代中，我们没有权利要求时代因为我们而改变、更换……

我们只能适应时代，别无选择！

时代永远就是这样的，推陈出新，永远给年轻人机会，但是，只给一小部分年轻人机会，也就是奋力向前，对自己不离不弃的那部分人。时代永远迎接这部分人，却拒绝大部分人。时代只允许小部分人成功，而让大部分人像亨利·梭罗所说的那样——"处于平静的绝望之中。"这就是竞争，有时候，在竞争中，你才能真正看清自己。

理想泡沫下的世界，并不是蔷薇色的。我们无法确定未来的颜色，但总还是要试一试，与其期盼谁来爱自己，谁来拯救自己，倒不如学会自己拯救自己，学会自己承担这个世界上的痛苦与不幸。在拯救自己的路上，有人能够帮你分担固然是好，即使没有也不要气馁。在很多时候，女人要学会承担，学会自己对自己负责，自己宠爱自己。即使你在孤立无援的时候认为全世界都在抛弃你，连你最亲密的人也都离你而去都不帮你甚至背叛你、欺骗你，但是无论如何你都要学会爱自己，因为你是唯一能够让自己通向幸福与快乐的人。

理想，不是换一套拖裙，举一杯红酒就可成就。我们都还年轻，我们都在奋斗的路上驾驶着自己灵魂的跑车，如果我们不愿意重复地、没有目标地生活，我们就应该抓住我们的心，朝路的前方行驶，可能看不到来路，但是沿路一定会看到鲜花、听到掌声、获得赞美。

如果青年人只是虚张声势与言不由衷，那么我们步入中年的人，希望继承上一代的优秀品质，我们不希望只是因为时代变化了，我们就要不断降低自己的标准，以便能够适应社会的要求，那么及时短暂的成功也不配获得掌声。我们要对得起自己当初的梦想，对得起人活着最初的本善！

不是所有的梦想都能逐一实现，但是在实现的路上所涌现的那些密布的荆棘，正是我们的财富，正是那些一直在我们耳边的声音：其实你还有机会……

现在过的每一天，
都是余生的日子

一天，欣然的朋友圈发了一条动态，她的外婆去世了。还记得前几天她跟我讲，等她攒够了钱就把外婆接到身边。她外婆终究没能等到她攒够钱那一天。我见到她的时候，她痛哭流涕，最难受的时候甚至长跪不起。失去亲人的苦痛，不经历谁都难以理解。

树苗20岁那年的中秋节，当时她还是个大学生，丝丝是她最好的朋友，丝丝家里条件很好，而树苗家境一般，她需要半工半读来让自己生活过得更轻松一些。那天，丝丝陪伴树苗一起去打工，这也是丝丝第一次打工，她感到很兴奋。她们结束这一天的工作的时候已经很晚了。两个人一起回宿舍的路上有说有笑，可是谁也没看到即将转弯的卡车。一个瞬间，丝丝被撞飞了，树苗也受了伤。就这样，她们这对好姐妹天人永隔。也就是那一刻，树苗才体会到，生与死真的离得好近。

这个世界上，每分每秒都有人死亡，总有一天会轮到你。也许我说的有些残忍。"珍惜时间"这个议题老到掉牙，我想说的也不是珍惜时间，而是如何珍惜时间——过好每一天。

"今天早上出门就堵车，一个小时才开到公司，气死了！"

"老板又改变方案了！这已经是他第十二次改了！真不想干了！"

"我靠，又胖了两斤，晚上不吃饭了！"

"还没找到男朋友，怎么办啊？家里一直催，好郁闷啊！"

……

你的每一天是不是都是在这样的情绪中度过的？

其实仔细想想，抱怨真的不能解决任何问题，只有想办法面对，让自己释怀，活的大度一些才能让自己看到希望。

再回头看看我开篇讲的那两个朋友的经历，是不是浑身一颤？

每一个负面情绪的瞬间都是对生命的伤害，在我们死之前，要多做一些快乐的事。无意中翻微博，看到一个美食博主，如果不是她自暴了年龄，我以为她是个 90 后。她每天的早餐、中餐、晚餐都是极致的，就连清粥配咸菜都摆得很漂亮。当然，她的微博里有烤糊的面包，也有失败的汤品，透过她的图片和文字，我体会到了一种能量。你可能以为她是个闲人，其实她也是个普普通通的上班族，只不过在下班后她会活跃在自己的爱好上，开启了自我世界的大门，做回自己喜欢的自己。她的爱好是旅行和做料理。有空闲的时候，她会带着家人四处游走，然后用文字记录下令人感动的瞬间。她会将做好的甜点带到公司分享给同事，每个甜点背后都有她对自己的鼓励和对家人的关怀，更有对生活的珍爱。

其实很多人都想过她这样的生活，可是为什么都还没有过上？原因就是现在过的每一天你都觉得时机未到。办一张健身卡，然后觉得有的是时间，一边幻想自己窈窕妩媚的身材，一边将卡片置之不理；下班后就沉醉在八卦新闻或者游戏之中，一边灌着鸡汤，一边埋怨世界的不公；每逢周末一定要睡到下午再起床，订个外卖胡乱填饱肚子，然后再吐槽周末过得太快……这样的人生，前三十年是艰难的，后三十年一定也是艰难的。

我们的问题在于永远看不到自己身上的缺点和不努力，因为你不努力，就会继续抱怨，现实永远得不到改变。明日复明日，明日何其多？走着走着就走到世界的尽头，回头却发现自己什么也没有为自己争取过，这就是终身的遗憾。

有时候，在路边找个地方停下，去看远处的风景，可以开拓视野，让心情平静。有时候，在外面逛的时候静静地坐下来，观察身边走过的每一个人，感受他们当下的心情。有时候，在一个下雨天，拿着雨伞站在楼下听雨落下的声音。也有时候，坐在车里，可能是太疲惫的缘故，会趴在方向盘上，休息一会儿。更有时候，一个人静静地待着，想想自己的心事，也挺好。

我们所过的每一天，都应该对自己狠一点，努力尝试一下自己想做却不敢做的事，早点起床，想健身就赶紧去，想学什么就赶紧学，别说没钱没时间，你刷微博怎么有时间？买游戏点卡怎么有钱？去参加一些毫无意义的聚会怎么有时间？花点钱和时间为自己投资，让自己努力一点点，至少每天都在行动，每天都在为了自己而努力。

把每一天都当作自己余生的每一天，过好比什么都重要。

Two

Two

自己远没有想象的那么牛叉

　　我遇见很多人，总觉得自己是不一样的烟火。人可以特立独行，但也别把自己太当回事。

　　讲一个听来的故事。

　　是一个在某出版公司做 HR 的朋友讲的，她曾面试过一个编辑，姑且称她为小 N 吧。小 N 在这个行业做过几年，单从履历上看，的确算是经验老道的老手，但从她的作品上来看，也不算什么大拿。而面试过程更是让人大跌眼镜。首先她表明了自己是本地人的出身，这是她第一引以为骄傲的，然后称自己要当管理者，不能当组员，来这家公司面试是因为近，以及自己之前多么牛叉，等等。聊着聊着，二人聊到房价，小 N 更兴奋了，说以后买房找她，她是房界大咖，玩房子很多年了，有的是钱。然而二人又聊到旅行，小N又开始天花乱坠地描述自己多么爱玩，仿佛活得特别潇洒。HR问她都去过哪里，有什么感触。她回答："我连护照都没有，我本地人，想办直接就办了，不像你们那么麻烦。"姑且不说这句答非所问的回答，我首先就没明白她牛气的点在哪里，一个连国门都没出过的人，也难怪眼界如此狭隘。

小N对于此次面试信心百倍，认为自己的能力绰绰有余，可是她迟迟都未能接到offer，她最终也没能知道失败的原因。公司领导有调查她，在圈内咨询了认识她的同行，得知这个人名声极差，大家对这个人都表现得很反感，重要的是她的能力也没有她所炫耀得那么好。

往往真的咖位很大的人都会很低调。拿娱乐圈来说，三流艺人最能耍大牌。妹妹小如曾给某三流咖位的S女歌手做过临时翻译。当时S女歌手一脸牛气地走进录音棚，脸上刷了二斤粉，有一种女王驾到的感觉，可惜她的歌唱水准真是弱爆了，几乎全靠后期加工。休息的时候，她还很蔑视地对小如说：就你学得这个语种，我半个月就能学会。小如哑口无言。小如合作过的艺人，真的很有实力的，往往会体现出极高的素养，对待翻译以及助理等服务人员也会有极有亲和力。比如同样也是录歌的 C 男歌手，见到小如先是握手，然后提前咨询了一些合作事项，合作过程中有不明白的问题也表现得很虚心，他一开嗓也震撼到了小如，这才是真正的歌者，只有那些把自己想象得很牛的人才会拼命刷存在感。

我在工作中也与艺人偶有接触，印象最深的便是国民大叔。那是一次高端奢饰品的代言活动。我从活动初期就一直负责他的跟进，任何关于他的细节都是我来完成的。

活动当天，我站在酒店大堂等他的商务车，站在接他的路口，面对他这个咖位的，我内心还是有些不安。不一会儿戴着一个黑色口罩的他出现了，我一想，完了，这大腕儿范儿十足的，肯定不好对付啊。我走过去告诉他我是谁，然后在保安的簇拥下，和他一起通过贵宾电梯到达我提前预定好的酒店房间。

一进了屋子，他就摘下了口罩。因为之前赶场子的原因，他看起来很疲惫。我说："你休息一下，我一会儿和你说一下活动流程。"

　　没想到他特别客气地说到："好啊！让我做啥，你告诉我就行。现在就可以。"

　　于是他边化妆，一边开始听我叨叨。一切都好。化妆完毕，他坐在床边休息，我把提前准备好的礼物拿了出来，告诉他这是现场客户送给他的礼物。我让他提前看看，礼物上面印着他的名字，其实我内心觉得他不会喜欢。

　　他如孩子一般，一边摆弄着一边说："挺好啊。我喜欢，感觉跟学生一样，特别好。有纪念价值。"

　　没一会儿，我们开始聊各种八卦。他非常有亲和力，就好像邻家大哥。倒是我喜出望外得有点 low。

　　他吃过很多苦，当过酒吧驻唱、修理工，干过保险、跑过龙套，如今终于升值成一个优雅稳健的国民大叔，这一切都源于他的努力！

摆正自己的位置很重要，你没有什么了不起，比你牛叉的人多的是，人可以自信，万万别自大，否则极易成为别人的笑柄，同时你伤害别人的那把刀最后也极易插到你的身上。尤其现在很多初踏入职场的年轻人，薪资稍微比别人多一点，就鼻孔朝上，觉得自己吊炸天、帅炸裂了，年少轻狂的时候也许看起来特立独行，如果稍微年长了几岁依旧如此，那你便不是牛叉，而是傻叉了。

当今社会最不缺少的就是人才，正所谓"民间高手多"，千万别以为自己会点东西就有多么了不起，到处吹嘘。这个世界上，除了一些别有用心的人，没有人会因为你的吹嘘而尊重你，再牛叉的人都会遇到更牛叉的人。

爱吹嘘而又张狂的人，往往只是想寻求关注，对他们而言，关注度是稀缺资源，而真正的有实力者，已经不需要这种资源了，因为他们的能力终究会备受瞩目。

那么做一个善良的人就变得尤为重要。低调做人，高调做事，认真生活。每天一点变化，用你的专业精神打动所有人，让大家因为你的魅力感受到你身上绽放的光芒，它是温暖和煦的、它是自然谦卑的、它是充满力量却又无声的……

你的善良，
必须要有点锋芒

　　西西是个不喜与人交恶的人，什么都微笑着说好，我总说她脸皮太薄了，该拒绝的事情还要硬着头皮应下来，弄得自己疲惫不堪。她不以为然，说你好我好大家好，何必把事情弄得大家都不开心呢？

　　直到有一天，我接到西西的电话，她对我说自己错了，再也不想做善良的人了。

　　西西工作能力很强，公司里的同事便总让她帮忙。

　　"西西，帮忙写个文案呗！"

　　"美丽的西西，这篇文章帮我翻译一下呗！"

　　……

　　类似这样的"拜托"时常发生。西西都笑着接下来，然后熬着夜做这些事情。

收到的回报一般只有"西西最好了"这样的一句话。

就这样过了三年，据我所知，西西帮忙翻译的外语文章都能出一本字典那么厚的书了，帮忙写的策划文案，也有几十篇。西西就是她公司的"小叮当"和"小百度"。

一次，又有一个同事接了一份国外的稿件，说十分着急，就让西西帮忙翻译，西西看了看，那本书实在是太厚了，正常翻译这样一本书最快也要两个月，而且哪有免费的道理。她委婉地拒绝了这个同事。也是这一次拒绝，使二人结下了梁子。人往往就是这样，对善良的人的原谅总是很严苛，一个总是与人为善的人，一旦拒绝一次，被拒绝的人就会更生气。一个坏人犯罪然后不经意做了件好事，大家知道了，反而会说他改邪归正。就这样，一次公司整改重组的机会，这个同事借机造了个关于西西的谣，说她和合作公司有猫腻。大家都知道西西的为人，但那些平时得了西西不少"恩惠"的同事却没人站出来为西西说话，因为那个造谣的同事有后台，没人愿意因为西西得罪那个同事。就这样，西西"被辞职"了。

西西每天与人为善，没想到自己会落到这样的结局。

我对西西说：没有善良的聪明是奸诈，失去聪明的善良更是愚蠢。你不能让善良成为伤害自己的武器，而应该让它成为一种智慧。

我相信，像西西这样的人不在少数，尤其社会上总是说要传递什么正能量，要做善良的人。善良当然不是错误，它也是千百年来中国人优良品德的传承，但善良正确的打开方式，应该是略带锋芒的。

比如说最能考验人品和情商的事情——借钱。谁都不愿意把自己的钱外借，但亲人朋友之间的帮忙是难免的，这时保证自己充裕的情况下再来帮助别人，才是善良的智慧。

曾经就有个朋友来管我借钱，她初入职场，每个月也就4000块的工资，去除房租和必要的花销，也就没什么钱了，但也不至于过得苦哈哈，算是稳定增长中。一问才得知，她的同事要给老公准备生日礼物，从她那里借走了

2000块。我不禁苦笑，这种"仗义"不就是一种"愚善"吗？自己吃穿都成问题，还要借钱给别人，况且那位同事也不是急事。

在不伤害自己的条件下，赠人玫瑰，手留余香。我们不做恶事，不代表能容忍恶人。其实也只不过是在善良中的一份自保，一份为了别人之外的"为了我自己"而已。

哪有什么天才！坚持做你喜欢的事情，这本身就是一种天赋

那天我的朋友刚好有演出，他是一个模特，我带了几个朋友去观看演出。他 1 米 9 的身高，身材好得是那种让女孩兴奋尖叫的程度。

他特别热爱健身，健身是他工作、生活的重要一部分，是他最大的爱好。

我说："你已经都这样了，你给不给别的男人留条活路？"

他说："这算是我的一个心灵向往吧。未来还想去美国参加职业比赛的。"

其间，一起来的朋友对他特别好奇，反复地询问他健身的情况，顺道抚摸他的手臂，但他们想象不到每天他和

运动器材厮杀的场面。这让人流鼻血的身材也是来自于他的坚持。

每个城市里，都有很多人在坚持着做自己喜欢的事。

豆子是众多"北漂"中的一员，来自西北的一座小城市的小城镇的小村庄，可奇怪的是这家伙不知道是不是投错胎了，外表看起来更多的是南方姑娘的温婉和腼腆。

豆子刚来北京的时候，干的是销售，因为她有一个得天独厚的优质条件——甜美如志玲姐姐一般的声音迷倒众生。但豆子认为销售和忽悠中间那层纸太薄了，她想看看更大的世界。

于是奔向了客服MM的岗位，声音虽美，但豆子性格可像极了东北大汉，遇到那些矫情的客户，她以"降龙十八掌"等招式玩转客服界，虽然继续这样下去，她很快就能升到客服主管了，但她却不想自己的人生如此平庸下去。

豆子从小到大一直有个梦想，就是学习古筝。但小时候没有学习的条件，错过了拥有童子功的机会。虽然她的北漂生活并不富裕，但东挤西挤倒还真挤出了学习古筝的学费。200多一节的学费对她来说，负担还是挺重的。对她这种行为，有些人给出了"脑残"的评价，认为这个年龄学乐器一不能当饭吃，二不能召唤神龙，有毛线用。而自己的这点情怀，豆子也不曾对人讲起。

豆子的姐姐在她买来古筝的第一天就做好了卖二手古筝的准备，因为豆子从小就和"学习"两个字结下了梁子，豆子姐姐在各大卖二手网站查询二手古筝行情，准备豆子放弃学不下去的时候下手。可这次豆子姐姐失算了。豆子从把古筝搬回家开始，夜以继日地练习，双手的茧子一层层脱落，从一开始连"宫、商、角、徵、羽"五个字都念不全，到如今已进入7级水平，古筝学校的老师都惊讶于豆子一如既往的热情和刻苦，她是古筝学校建校以来坚持学下来的为数不多的成人学员。学校举行汇报演出的时候，她就傻不拉几地坐在一群小屁孩中间，还傲娇地说自己身高最高。一坚持，就坚持了三年，不达顶端决不罢休。

我最终还是对这件事进行了深究：

豆子学习古筝除了喜爱外，她提到了两个字"传承"。她喜欢中国传统文化，认为现在的中国日益褪色，有太多的东西需要传承，而自己凭借喜爱，能够做的也只有传承。虽然自己未必能达到大师的水准，但让更多的人知道古筝，她就已经很满足了。

光学古筝还不行，豆子知道自己学历低，但如果回到过去，她依然不会选择上大学，原因是大学里没有她喜欢的专业，豆子喜欢什么专业呢？玩笑话是这样说，她知道自己需要充电。她并不在乎自己没有大学毕业证，但她在乎自己的素质。

豆子字写得难看，如果小朋友见到可能会当成虫子被吓哭，可能这就是传说中的"丑哭"吧。她买了若干本字帖，还真一笔一画像模像样地练了起来，一练就是一年，如今有需要她签字的情况她已经不需要"剁手"了。

豆子认为人生的极致就是想吃就吃。钱啊、男人啊，对她来说都是浮云，吃才是王道。公司安排她去进修，她从不担忧培训课程有多难，学习环境如何，她只担心吃的如何。心宽体胖的豆子几乎没什么烦恼，她每天想的都是怎么让自己过得丰富。比如与自己坚挺的小腿做斗争，豆子160的身高，42kg的体重，除了某些部位略平外，身材很漂亮，可是，天意弄人，42kg的体重里，恐怕有10kg是她的小腿。于是，她每年2月都要开始"瘦小腿运动"，当然每年都以失败告终。她了解到这一点后，便改变了方针策略，不再固定于2月，而是提前进行，以便于早一点失败。至今她依然坚持着。

豆子认为，这个世界上没有天才，坚持做自己喜欢做的事情，这本身就是一种天赋。大大小小的事情，有时候我们比别人差的那一点就是坚持一下。

豆子一直坚持做着她喜欢的那些事，坚持过着她简单幸福的生活。

这让我不禁想到了简大姐，一位70多岁的老人，被称为中国的"摩西奶奶"，她徒步旅行、穷游云南、冒险潜水，听起来就觉得不可思议，让我忍不住想要见一见这位传奇老者。她曾在她的著作《做你喜欢的事，什么时候都不晚》一书中写道："很多人觉得人到了知天命的50岁就是夕阳红了，看日出岂不更感伤。当我们走过花季，也收获了春华秋实，更看透了人情冷暖，当我们的心已然云淡风轻之时还有半生的时光等待我们去创造和收获。这时的我们可以卸下负担，真正去选择我们想要的生活。"

豆子也好，简大姐也好，她们都找到了生命的真谛——做你喜欢的事。

在任何环境中，人们还有一种最后的自由，就是选择自己的态度

棉花又开始跟我抱怨公司领导多么多么变态，多么多么想跳槽，但是又有等等、等等不得已的苦衷，要等到年底再离职。这种抱怨相信很多人身边都有。我们的际遇真的那么差吗？

这不禁让我想到一部电影——《幸福终点站》。

Viktor，来自东欧一个小国，他要去美国帮父亲实现一个未了的心愿。但意外的是，他刚离开不久，他的国家发生了政变，因此在他到达肯尼迪机场的时候，他突然成了一个没有国籍的人，更因此无法入境，也不能出境，他不得不等候在候机大厅里，直到身份被明确。

你可能难以想到，他足足等待了9个月。他用机场的

洗手间洗漱，在候机室睡觉，没钱买汉堡吃，他就在机场里打杂，收集推车赚钱。因为语言不通，看不懂机场电视中播放的关于自己国家的新闻报道，他便认真学习英语。他在待改建的 67 号登机口给自己打造了一个家，不仅如此，在这期间他还帮助过很多人，甚至还邂逅了一段浪漫爱情。当他离去的时候，整个机场都为之感动。

Viktor 明白，这个世界不是按他自己的方式前进的；身处其中，只有为自己挣个好生活。

在任何环境中，人们还有一种最后的自由，就是选择自己的态度。

我们很多人经常会迷失在自己的生活里，发现面对前面的路不知道走哪一个路口才是正确的，不明白自己的目标，不懂得经营自己的生活，更不懂得生活本身的意义到底是什么。

现在，有很多年轻人总是很着急，急着赚大钱，急着离开当下，他们总是对现状不满，觉得自己正在做着一份不喜欢的工作，觉得自己生活在一个不喜欢的地方，觉得自己嫁错了或者娶错了人。可是他们的世界并没有被改变。这是因为他们不肯安心在一个地方坚持下去，遇到一点困难就想放弃，想逃走。

试想一下，如果你肯安下心来，做好你现在能够做的事情：读一本书，培养一个新的习惯，认识新的朋友，认真地将工作干到出色……这一点一滴的积累，时间久了，你便能够在你所处的境遇中活得精彩。

其实《圣经》中也有个类似的故事，以法莲是约瑟的第二个儿子。以法莲的意思是"在受苦的地方昌盛"。约瑟给他起这个名字，因为他说上帝使我们在受苦的地方昌盛。约瑟的前半生虽然遭遇不幸、命运坎坷、苦难连连，但是他仍能倚靠上帝，平安度过，而且在逆境中享受顺境，凡事顺利。最后他终于领悟到，所有这一切的苦难，都是为了达到更美的目的，并且上帝让他在受苦的地方大大昌盛，成为宰相。以法莲正是他的见证。

活在当下也好，在受苦的地方昌盛也好，无非都是希望我们别再追忆过去，甭管你过去多么牛叉，也别没玩没了地畅想未来，有这工夫，赶紧积累自己。别把自己的境遇想的多么凄惨无比，出身、父母、生长环境是没办法选择的，但是如何去生活的这种态度是你可以选择的。

还有些姑娘总觉得我过得还不错，认识一些比较牛的人，总是围着我想要我分享一些牛人变牛的技巧。我也总是告诉她们，那些牛人比你强并不是说他们有多少技巧，而是他们懂得选择自己的态度。在面对苦难和抉择的时候，他们绝不会唧唧歪歪，他们的内心都有着一些坚持、忍耐、勇敢和不服输。

别人会比你强，一定有别人优于你的地方，或是性格、或是生活姿态，更或是勤奋和坚持。

如果你缺少这些，灌多少鸡汤都没有用。因为路是要自己走的，没人能帮你走自己的路。而经历路上的风景，就是你最重要的必经之路，你要怎么去欣赏风景，怎么面对路上的雷雨风电，就是你的生活姿态。

选择一种生活姿态，是你的自由，也是你对自己的信心，更是你前进路上不可缺少的态度！

这个世界的冷暖，
只有改变自己才能感知到

越来越多的人对我说，我感知不到这个城市的温度了。在中国的三大城市北上广，有无数人在追寻梦想，前一段热播剧《北上广不相信眼泪》也展现了各种"漂"的艰难。

人们都争相恐后地跑到了一线城市，奋力地挣扎、努力地煎熬，甚至违背了当初只身闯天涯的信念……

峰子是一个快递员，每天奔走在北京的街头，要奔跑几十公里的路，经常上上下下爬楼梯，每天收发一二百个包裹，经常遇到无厘头的客户。他经常给我送快递，时间久了大家熟悉了，他也愿意和我聊天，他经常和我抱怨，送快递是多么辛苦，多么不想做之类的话。但最近看到他，他的状态完全不同了，总是哼着小歌，心情看起来特别好。我便问他是不是交到好运了，他给我讲了个故事：

现在很多公司都是前台代收快递，一次，一个客户因为没有亲自收到快递责怪峰子，峰子感到很委屈，因为他没有打通客户电话，和前台确认后才放置到前台的，但客户说没有收到快递，没办法，最终峰子自掏腰包给客户做了赔偿。他虽然难过，但鼓励自己，一切都会好的，这不算什么。原本以为事情就这么解决了，晚上的时候，峰子正在附近的凉皮店吃晚饭，因为一会儿还有件要送，他正狼吞虎咽着，盘算一会儿的路线，突然过来一个人，他认出是上午闹不愉快的那个客户。客户将钱还给了他，并向他道歉，说因为前台的失误，他已经找到自己的快递了。这让峰子感到很温暖。

这件事之后，峰子不再抱怨，不再抱怨世界的冷漠，他说只有改变自己才能感知到世界的冷暖。

我一直讲过这样一句话：人从来没有等级之分，普天之下所有人都是一样的。只是你的境况的不同，会遭受不同的生活经历，但是道路基本都是相同的。要知道：我们遭受的苦难和幸福都是一样的。不管你是贫穷，还是富贵，幸福的人都是一样的幸福，而不幸的人都各有各的不幸。只是看你如何调整自己的心态……

类似的故事还有一个，这来源于一本名叫《有些路啊走下去才知道有多美》的书，这本书的作者是一个韩国人，叫作金寿映。她曾经是一个逃家、飙车的不良少女，经常和人打架，觉得自己爹不疼娘不爱，已经没有什么未来了。一个偶然的机会，她决定改变自己，奋发图强，最终进入韩国的名牌大学延世大学，毕业之后成为高盛分析师，又去英国拿到硕士学位后，进入英荷壳牌公司领着高薪，这时她却发现自己得了癌症，这时她想起来自己有很多梦想还没实现，她不知道自己还能活多久，接下来的日子她想要为梦想而活。此后的 8 年间，她去了 80 多个国家，见到了无数的人，她搜集他们的梦想，偶尔也会尽自己的绵薄之力帮助他们实现梦想。原来在这个世界的很多角落里，人们是那样生活的。有的国家连唱歌都是奢侈，有的人活着就是梦想……她感受到了这个世界的各种情感，甚至不只有冷和暖两种感受。

这个世界，就在那里，需要改变的是我们。

有很多人总会认为改变自己很难，这是一种非常错误的想法。改变不是突然的翻天覆地，而是日积月累。目的不是成功，而是快乐。

我仅以自己的经验，总结几点改变自己的方法：

1. 少说否定词。

尤其是每天早上起来，要对自己说美好的话，给自己鼓励。比如说：今天一定会很美好。千万不要说"死"字，"累死了""气死了""烦死了"之类的话从此离开你的词典。

2. 每天固定时间戒网。

在每天某个时间段内，放弃使用网络，尤其是手机。让自己空闲下来，读读书、写写字，做你自己喜欢的事。

3.上下班时间至少要有 30 分钟思考。

我所说的思考不一定是要思索很重要的事情，尤其搭乘公共交通上下班的人，要利用路上这段时间，整理即将发生的事，为自己做个"心里彩排"。

4.不断更新自己的生活。

经常走的路、经常去的饭店、经常点的外卖……总之是习惯化的事情偶尔换一换，换一条新的路走一走，哪怕要多走 10 分钟；换一种食物吃一吃，会带给你新鲜的感受。

5.谢谢你，对不起，请原谅，我爱你。

这是《零极限》中提到过的"荷欧波诺波诺"疗法中带有神奇意义的四句话，多使用这四句话，无论在什么样的情形下。

当然，以上只是我个人的经验之谈，每个人情况不同，只要你肯去改变自己，你都会体验到更不同的世界。

没有什么生来就是公平的，比如：富裕的家庭、优质的精神面貌、美好的工作、理想的伴侣、纯洁的友谊，一切都需要我们各自经过各自的努力，不知道会走多少弯路才会实现，但是你走才有可能，不走就没有机会。

　　这个世界上，最爱你的人有时候真的是你自己。别躲在角落里埋怨世界，谁也没有义务让你快乐，只有你自己。

就算没有倾国倾城的美貌，
也要有摧毁一座城的骄傲

这个世界上美女不多，在颜值这条线上，往往两端的人很少，大多都只是处于中等线上。豌豆苗就是个处于中等线上的姑娘。

豌豆苗别的都挺好，就是腼腆，尤其是面对喜欢的人。

她总是以活蹦乱跳的心情给木头打电话，但对话往往都是复读机般重复：

"你今天有时间吗？"

"没有。"

"那明天呢？"

"也不行。"

"那后天呢？"

"说不好啊。"

"那好吧，那再联络吧。"

"嗯。"

"我想找你去，行吗？"

"不行啊，我特别忙。"

"那明天中午一起吃饭行吗？"

"明天不行，要开会。"

"那后天呢？"

"后天再说吧。"

"哦。"

　　豌豆苗和木头原本是彼此爱慕的，至少是木头先觉得
豌豆苗还不错的。她能记得当初他肯花时间陪伴她的好。
就是因为这些好，让她放低了姿态抛弃了尊严，一次一次

主动联络木头。甚至每次打通他电话前都要排练一下，如何能够让他满意。

就这样豌豆苗在心里一直纠结木头到底心里有没有她，她给他做了千万种的解释，但始终不明白到底是哪里错了，因为她一直觉得是自己哪里做错了。

无论何时，只要木头来消息，不管在哪里，她都会奔去，不论叫她做什么，她都会尽力去想办法，义无反顾。即使偶尔见上一面，即使时间很短暂，并且通常为了见上这一面，要等上好长时间，豌豆苗也从未抱怨过。

就是为了要这么一份勉强的宠爱，她忘记了自己高贵的尊严和要命的自尊心。

踮着脚尖去够一颗心，总有一天会感到疲惫。

对于"上赶子不是买卖"这句话，我并不认同，但往往会被现实打脸。我们必须承认一件事，当今社会与以往不同，什么都快，约得快、爱得快、啪啪啪得快、分得也快。没有一个人会对你动心一辈子，不承认你可以去试试。

"铁杵磨成针"在爱情世界里基本不奏效，只在鸡汤书里有效果。男人的耐心和对你爱的程度的比例是一致的。只要喜欢你，就绝对不会忙，尤其是在追你的时候。

　　大眼妹跟饭桶两个人在一起五年，大眼妹白羊座，风风火火，身材娇小，相貌中等，但很会化妆，活得也算精致。饭桶是西北某省会城市"土著"，大眼妹来自另一个小城市，两个人好的不要不要的。一般在自己家乡发展的"土著"，都会理所当然有一分高傲，加上独生子的娇惯，让他基本没什么自我。

　　两个人发展也算顺利，饭桶家里一直对大眼妹不是特别满意，饭桶呢也不表态，总拿"大不了我们先去领证"这种幼稚到死的话搪塞大眼妹。为此两个人分分合合四五次，最后当两个人打算谈婚论嫁的时候，安排了双方父母见面，见面后没多久，大眼妹收到了"未来婆婆"的短信，要求她离开饭桶。

　　大眼妹一直觉得是因为自己的身高问题（大概154），

为此一直感到挺自卑的，忽闪忽闪的大眼睛里写满了不自信。饭桶呢，也不知道是不是真的太没主见了，总之是没拧过父母，最终同意了分手。这次是真的分了。

大眼妹为此伤心了好久。

还有个类似的故事，也是个大眼妹，张张。张张也有个谈了好几年的男朋友，对她也算体贴入微，家里有几个铜板，男朋友的父母对张张也看不顺眼。每次张张去拜访的时候，都要点头哈腰，还要做各种苦力，张张觉得为了自己托付一生的人也是值得的。

张张的"未来婆婆"同意他们结婚，并且愿意出钱让张张做生意，但有两个条件：

一、回老家发展。

二、不许张张家任何人来串门小住。

张张拒绝了，她思虑再三选择分手。这种犹同被绑架的婚姻是没有任何意义的。

后来张张遇到了另一个男生，对她宠爱有加，婆婆更是爱护她如亲女儿。

　　类似的故事还有很多。这些姑娘都是平平常常的好姑娘，她们在爱情上栽了跟头，并非她们遇人不淑，而是忘记了在爱情中抬头。

　　女人万万不可放下自己的骄傲，低下头，皇冠一定会掉。这个世界已经足够凉薄，有空多暖暖自己。

　　就算你没有倾国倾城的美貌，也要有摧毁一座城的骄傲。

3

Three

Three

不抱着被人讨厌的勇气，
就不会被人喜欢

　　总有人问我，怎么教育孩子。这个问题在我有孩子之前一直认为很简单，女孩嘛，就如常规一样富养呗，男孩就散养。虽然我做足了心理准备，但当朵拉诞生之后，问题来了，所有的事情都不是你准备好了才拉开大幕的。问题经常是一个赶着一个，措手不及。

　　为此我也经常会和一些朋友探讨子女教育问题，也会看一些讲解的文章。有件事对我触动很大，事情发生在 20 世纪 80 年代。

　　在西部的一个小镇子上，有一所学校，学校面积不大，但是五脏俱全。

　　这是个拥有 40 个人的大集体，初中生都是青涩而叛逆的，他们有自己的思想，有自己见解，更有自己的生活方式。

小刚是一个霸道、风趣又聪明的孩子。也许是因为单亲的关系，缺少了一半的爱，所以他在性格上有些残缺，独断专行，非常霸道，在学校里经常欺负同学。

小豪是一个性格温顺的男孩，少言寡语，比较安静。他功课做得很好，成绩优异。当然也因此经常被其他男孩要求代写作业，甚至是欺负他。

小刚便经常会要求小豪帮他写作业。另外不知道是嫉妒，还是霸道，小刚号召全体同学孤立小豪。小豪呢，虽然成绩好，但性格处于弱势，也不怎么反抗，就一直忍着。

午休后的一天中午，小豪的妈妈气冲冲地跑到教室，她手里拿了一支钩毛衣用的那种挑针，二话不说直接冲到教室里的小刚面前。直接把他按在桌子上说："你若是以后再欺负小豪，我就拿这根针扎瞎你的眼睛。"说着，就把针按在了离小刚眼睛只有一厘米的地方停住。

只是这短短的 10 秒，一句话。

这件事过后，所有孩子的妈妈都认为，他们的孩子不能去招惹小豪。就这样，小豪自此受到了孤立。

当时那个年代那个地方，在那样的时代背景下，人们还没有一有事情就去找老师、找校长的概念。妈妈的愤怒、积怨和对一个孩子的疼爱，让她做出了这样的举动，当时震惊了这个小镇。

就这样，大家没有去责怪小刚，而是将飞刀纷纷投向了小豪一家，这就是难以对抗的世俗。真相往往会掩埋在世俗之中。

曾经有个朋友给我讲了她的爸爸对她的教育方式。她上学的时候，她爸爸告诉她一句话："如果你在学校被打了被欺负了，你没有还手或反抗，回来我还打你！"当然我不是在提倡暴力，但孩子的问题由孩子自己来解决不得不说是个更为中肯的方式。

子女不是父母的附庸，他们也有独立人格，迟早也都要独立生活，自己做决定，不可能永远在父母庇荫之下。

可是站在父母的立场上，很难全然信赖孩子的判断。

有时候我会认为孩子遇到一点残酷甚至残忍的事情是好事，正好告诉他们，生活，不是你的童话绘本里描写的那么美好，你需要去面对很多或不平、或不公，抑或委屈的事情。我希望我的孩子能拥有"被讨厌的勇气"。岸见一郎的作品《被讨厌的勇气》中有句话："你不是为了满足他人的期待而活，他人也不是为了满足你的期待而活。"这同时也是阿德勒心理学的教导。

对于像小刚这种去孤立别的小孩的孩子，更多的只是想吸引别人的注意力，想成为"特别的存在"；而被孤立的孩子自然也存在问题，自闭、懦弱、自卑等等可能，这很需要作为桥梁的老师来调节。毕竟现在老师一句话比家长一万句话都管用。

孩子的事情有些复杂，但他们的世界很单纯，也很容易被指引，可惜如今的教育工作者、家长们都愿意去包装孩子，去畸形地"鼓励"孩子，让孩子们学会"招蜂引蝶"，从小生活在竞争与攀比中。在学校，孩子们争前恐后想要获得老师的认可和表扬，渐渐地，他们失去了自我，失去了独立的个性。我想想都觉得可怕。就算你的孩子一直赢，但只要他置身于竞争之中，就很难得到内心的平静，为了赢他就要一直赢下去，即使长大了，在成长的路上，他也会感到周围的世界危机四伏，他终究无法实实在在感受到幸福。

心理学大牛阿德勒说："我们不需要被别人认可，更不要去寻求认可。我们并不是为了满足别人的期待而活着，过于希望得到别人的认可，就会按照别人的期待去生活，也就是舍弃真正的自我，活在别人的人生之中。"

反观现在的孩子，仿佛都活在家长或老师希望的人生之中，不停地给孩子灌鸡汤，让孩子宽容、忍让，让孩子努力考一个好成绩，让孩子向表现好的同学学习……

我对这种"美好教育"很反感，什么"世界的不美好，他们不需要这么早知道"，这可不是什么善意的谎言，这只会把他们推到悬崖边。问题不在于世界是什么样子，而在于人是什么样子。我告诉我的孩子，你要多做美好的事情，你要去爱，然后让世界变得美好，而世界原本是什么样子你无须理会，你要有勇气做自己，接纳被讨厌，然后欣然地再去被喜欢。

"等你有孩子了就明白了"
不过是一种堕落的托词

　　马路上，妈妈放任自己的孩子随地大小便，路人指责，妈妈回答：等你有孩子了你就明白了；地铁里，小孩子随手将吃剩的包装纸扔到地上，旁边人规劝几句，妈妈回答:等你有孩子了你就明白了;饭店里，小孩子大声喧哗、脚踩座椅，服务员前来制止，妈妈回答：等你有孩子了你就明白了；朋友邀请出去旅行，会有人回答：我出不去了，你不懂，等你有孩子了就明白了……

　　说的好像有了孩子就跟有了《十万个为什么》了似的，什么都明白了。我有孩子了，可我依旧不明白，我到底该明白什么。我身边有很多妈妈，她们的生活各个都是故事。

衣衣妈妈原本是个时尚达人，没事喜欢旅行、泡吧，和三五个姐妹一起嗨，可自从有了衣衣，她画风就变了，加入各种妈妈群，每天只聊孩子，朋友圈也只放孩子的照片，也不再和朋友出去玩，整日在家带孩子，家里面乱七八糟，自己也经常蓬头垢面，慢慢地，她开始与社会脱节了，她甚至忘记了她自己原来的样子。衣衣上幼儿园后，有一次回家，对她说："妈妈，今天小天的妈妈去学校了，她好漂亮啊，妈妈你怎么不那么漂亮呢？"衣衣妈妈听了以后眼泪都要流出来了，心里特别难过。直到现在，她和我讲起当时的心情还很激动。我告诉她，孩子说的没错，要是我是衣衣，我也不想有一个这样的妈妈。

妈妈的言行时刻影响着孩子，让你的孩子因你而荣就变成了我们最应该做的事情。这个荣，就是我们口中说的给孩子安全感！

我从来不想在意别人的目光，但是活在人群之中，我不是神，我也会不由自主地就被世俗同化。可怕的世俗之中，人都有攀比心、嫉妒心，还有莫须有的猜忌心……让我们的孩子温暖如雨露一样，快乐成长其实才是我们更应该关注的。有时候世俗的力量，往往让你偏离了方向……

当你的孩子说喜欢别人的妈妈的时候，你是不是要反省下自己，然后调整一下？

婚姻改变了我们的生活，孩子的出现更改变了我们的身份。无论爸爸还是妈妈，在家里多了一个小生命之后都会变得很辛苦，要照顾孩子的饮食起居，半夜要起来喂奶，孩子有一点不舒服都要跑医院，每时每刻地守护着，睡一个整晚的觉都是一个奢侈，可是这就是生活乱七八糟的理由吗？其实，聪明一点的女人，往往能够找到一个简单的方法既呵护好自己，又照顾好孩子。

每天早上提前 10 分钟起来，洗漱完给自己画个淡妆，在孩子睡觉的时候读两页书，和孩子玩的同时将家里清扫干净，和孩子一起参加一些亲子活动之余加入一些和孩子无关的社团，音乐、美术、运动等等，只要你喜欢都可以，和朋友聊天的时候不要提孩子……你的人生，孩子不是全部，你自己才是全部。因为漫长人生之路，陪你走完的是你身边最重要的人，除了孩子，还有丈夫、朋友……

这是我要说的第一点。第二点我想说说近几年特别普遍的社会现象，也是以孩子为借口的。经常我去饭店吃饭的时候，有小孩子蹦蹦跳跳，记得有一次，有个小孩撞翻了服务生手中的水杯，家长把服务生骂了一顿后，免单才肯罢休。这种事并不少见，家长们往往会觉得小孩子调皮是天性，却不知道调皮和教养密切相关。在公共场所遵守规矩，这是我经常告诉我的孩子的，无论年龄，规矩是作为一个社会成员必须遵循的，这是社会公德。还有一次更奇葩，记得是在什刹海附近，那是北京一个蛮著名的景区，附近有恭王府、南锣鼓巷等景区，几乎一年四季都是人声鼎沸，就是在这样的环境下，我亲眼看到一个五六岁模样的小孩子在马路上拉大便！他的妈妈就站在旁边看着，周围来来往往的人群投来的异样目光一点都没有影响到这位妈妈，她淡然地等到孩子结束，然后就那么走了，真的，就那么走了。离这里不到 100 米的地方，就有一个公用卫生间。相同的情形在地铁站台，甚至地铁里也出现过。让孩子忍一会儿，憋不坏，别老拿孩子当借口，那只能说是家长道德陨落的托词。

我们应该让我们的孩子成为怎样的人？每个人心里都有一把标尺，就像照镜子一样。此生我们肯定无法看到完整的自己，但是我们的小孩就是我们人生的缩影，他的样子，就是你的第二次生命。你想让他、她变成怎样的人？三岁看小、十岁看老？我们难道都愿意自己的孩子是一个道德修养有问题的人吗？显然道德教育比学习成绩更为重要！

孩子，真的是我们自己的重生，对待我们第二次生命，除了呵护和爱，正确的引导更为关键。

我认为一个成功的妈妈，第一要爱自己，第二要能够正确引导孩子。一个连自己都不爱的妈妈，怎么去告诉孩子正确的生存观念。

成功的路上并不拥挤，
只是你自己淘汰了自己

卡卡姐，一个事业有成的服装设计师，品牌经营者。有好的家庭，有成功的事业，最重要的是她还有一口流利到杀死人的外语。因为要参加各种时装周、见很多世界级的设计师，她经常飞来飞去。我们一起工作的那段时间，她给我讲了很多新鲜的故事，都带着国际色彩，那奇葩程度，是我一辈子都不可能遇到的。

我觉得她已经非常优秀了，但是她在成长的路上还一直在往前走。

去年冬天，她邀请我转发一个话剧叫《八个女人》，我当然听话地就给转发了。过了没几天，她就邀请我去看话剧。我其实真的没在意，朋友之间捧场嘛，稀松平常的事情。

可是让我震惊的事情就这样发生了，到了剧场一看，卡卡姐居然是主演，这让我当时就张开了大嘴。我当时记得，我什么也没管，拿着我给卡卡姐的礼物，直接冲到后台就去探班了。谁知道去了以后我更震惊。几位主演全都是商界精英啊，他们其中有网站高管、有外企CEO……而且，他们的话剧社并不是"有钱人的游戏"，而是梦想的坚持。话剧社至今已经延续了十年，她曾因此得到过知名演员陈道明老师的鼓励："话剧一演就十年是需要信仰的。"卡卡表示，社员们十年来一直很稳定，大家出演的角色也都尽量不重复已演过的，"每次都有新的体验，我们最喜欢的评价是别人问'哪个是你啊，你参演了吗？'让人耳目一新，以至于认不出来最好。"

她表演的丝丝入扣，丝毫感觉不到是一个业余演员的作品。如果不是因为之前就相识，我一定会觉得她是个专业演员。

卡卡姐表示，八个女人一起同台演未必出彩，"男人演女人更能捕捉到女人微妙的东西"。至于反串演好女人的关键，卡卡姐说："他们刚开始演都是扭来摆去的，其实女人走路不这样。女人走路吃劲的部分在腰，会呈一条线走。所以只要一听见他们走路时有擦裤缝的声音就对了。"

他们都是业内的精英，用当代的标准来看，他们已经获得了成功，但他们依然在很潇洒地为了寻找自己的梦想而努力，不曾有一刻懈怠，那些比我还优秀的人都在努力奋斗，我又有什么理由停止不前？我更要加倍努力，才能跟上他们的步伐。

每当我们技不如人的时候，往往会给自己找个理由，别人生在了一个竞争不那么强烈的年代、别人天生就是富二代、别人机会比自己多、别人嫁了一个有钱的老公……其实这都是自己淘汰自己的借口。

我大胆地设想，我的妈妈获得了诺贝尔奖，那么我就也能获得诺贝尔奖吗？显然并不是。

我有个朋友，她每天坚持学习日语和英语半小时，曾经我嘲笑她，快30的人了，不着急找个如意郎君，每天抱着日语英语字典能过日子啊。可后来，她凭借自己的外语优势，获得了某大型外企的offer。

还记得不久前，演员孙俪在微博晒出《芈月传》剧本，有人评论道：给我几十万一集的报酬，我也能拼命背剧本。这明显是把成功的顺序搞反了，不是先有几十万，再去拼命；而是先去拼命了，才有机会获得几十万的收入，你不拼，就只能平庸！

任何借口都不能阻挡我们进步，成功的路上并不拥挤。

女人漂亮倒也没什么，
最可怕的是自强不息的漂亮

在这个"刷脸"的年代，漂亮是女人很好用的武器。我认识的一个漂亮姑娘，准确地说，应该是漂亮妈妈，她的漂亮是越看越漂亮的那种舒适型，不是整形医院出来的copy脸。虽然儿子已经10岁了，但她看起来仍然和20岁少女一般清丽脱俗。她自己经营一家小店，每天忙前忙后，过得很充实。她的丈夫是文化圈的，他们很恩爱。十几年来，每天清晨出门都会亲吻对方。每天晚上下班，丈夫会准时来接她回家。十几年如一日的爱情是不是很浪漫？

然并卵，没有拆不散的爱情，就看小三多努力。她的丈夫出轨了，并且出轨得很彻底，最终二人和平分手。恢复单身后，她更加努力生活，不仅小店生意红红火火，得空的时候，她还会去读书扩充自己。追她的男人一沓一沓的，但她说暂时把重心放在工作和孩子身上，爱情就随缘了。

通过她，我算是真的明白了：女人漂亮倒也没什么，最可怕的是自强不息的漂亮。

现在，虽然灰姑娘的故事早已老套到掉牙，但姑娘们没人想嫁给穷光蛋。加上当今社会大都物质充裕，除了金钱，还有很多姑娘挑剔出身、地位，这都是无可厚非的。但是有几个条件，第一，你有没有资本嫁给有钱人；第二，你嫁入豪门后能否 hold 住；第三，嫁入豪门的目的是否只是享乐。

落落是个绝色美女，女人见了都忍不住多看两眼的那种美。更为难得的是她性格也很温和，讲话的声音更是温柔，和她在一起，我都觉得自己是个爷们儿。一次公司年

会上，她遇到了合作公司的 CEO，二人一见钟情。大家都觉得这下落落飞上枝头变凤凰了。婚后的落落没有老实地在家当贵妇，而是报了几个学习班。一边学习外语，一边学习管理，还去美国游学了半年。这些事情，落落之前的经济是难以承担的，但老公的经济为她提供了资源，而力是她自己努的。

之前的朋友都不理解，劝她说：落落啊，你有这些时间不如好好抓住你老公，都当阔太太了，还那么拼命做什么？落落这样告诉他们：钱都是他的，事业也是他的，我也想实现我的价值啊。

没多久，落落也成了 CEO，她开了一家小公司，还刚好能够帮助老公的公司，老公的朋友都夸赞落落既漂亮又能干，这样她老公也很有面子，对落落更加爱护。

长得漂亮的都这么努力，你不漂亮还有活路吗？

很多人天生丽质，漂亮的脸蛋的确能给她们带来很多好处和便捷，但那都不是永恒的，如果甜头吃得太多，而不去吃点苦头，幸福还是会跑掉。

肯定会有人反驳我：那些人够漂亮，才能找到好老公和好机会，长得不漂亮，再努力也白费啊！这些人只是不愿意承认一个事实：漂亮能带来的资源，不漂亮的通过努力一样能争取到。

我从小就认为我不是个漂亮的姑娘，我觉得相貌是天生的，但是后天的努力可以帮你培养你优质的气质，气质这个东西是不靠长相的。它是一种自然天成的修养，是你因为自信绽放的光芒，和漂亮无关，只和你努力有关。

我在这里讨论的也不是漂亮与不漂亮，而是努力与不努力，别老把自己比作灰姑娘，别忘了灰姑娘本身是个千金小姐，有着高层次的修养与内涵。包装自己的时候别总是从外面做工作，内心也充实起来，想想那些比自己漂亮的都在拼搏，也给自己点努力的勇气吧。

如果有些事很困扰，
那就去问问孩子吧

威廉，是一个不到 6 岁的小男孩，舞刀弄枪恐怕是这个年龄段小男孩的通病。他时常把自己幻想成某场战役里的军官，指挥着他的部下，在集结号吹响前，顽强地抵御着敌军。有时你可以看到他在小区里，一个人左躲右闪，偶尔隐蔽，偶尔又把手中的空气像手雷一样抛掷出去。我有时很想知道他脑子里在想些什么，他脑子里勾勒出的世界又是什么样的。

偶尔间，我也会把我想成他，如果是我，我会怎么样?

威廉的父亲送他去幼儿园的时候，我总是会在电梯里遇上他们，威廉一上电梯就摆出一副持枪的样子，警惕地环视一下四周，便挨着电梯门隐蔽起来。我想，此时他脑海里出现的应该是某场战役的画面吧。我们大人虽然不能理解小孩子的世界，但也很乐于看他们自娱自乐。电梯继续下行，在九层的时候停了下来，于是戏剧性的一幕发生了，上来了一位邻居，他正好穿着一身迷彩服。

当时，我看到威廉瞠目结舌的样子，呆立在那里。我想，此时此刻他一定是在试图分辨眼前的状况究竟是幻觉，还是现实，或是他期盼的事情终于发生了。

最后，他忍不住地小声问他的父亲："爸爸，他应该是美国兵吧？"于是，电梯里的大人们相视一笑。

孩子的直白和淳朴，真真让我感动。

生活中，总是会有不同的人闯入我们的世界，他们不会知道闯入的前一秒我们处于什么样的状态。我们也猜不到，他们闯入后的下一秒会和我们发生什么样的故事。孩子其实还在告诉我们，对于入侵者，我们应提早注意和防范。

生活中，有些人在一开始的时候你想都没有想到，他居然会在今后与你的生活密不可分，让你牵肠挂肚、夜不能寐。也有些人千方百计想走进你的生活，最终却只是泛泛而交，并没有留下很深的印象。当然，还有些人对于我们只是过眼云烟，短暂驻足一下而已。我经常会任由思想无意识地飘向远方，在自己臆想中的幻境里久久不愿意出来。

电梯到了一层，在迈出电梯的那一瞬间，我迅速转换为一位职业女性应有的状态，脑子里闪过的是今天要做些什么，几点约了什么人……然而就是在这样的节奏里，我还不忘边开车边欣赏路边的风景，拿出手机拍下可以触动我某种情绪的东西。比如，某辆私家车的车牌，仅仅是因为它和我的车牌号相似；比如，某条路的路标，因为它唤起了我对往事的回忆；比如，阳光照射在树叶上，树叶反射出的光芒，就因为它在一瞬间让我感受到了曾经有过的某种幸福感……

我当然要用手机拍下来，我甚至要用文字把它们记录下来，我不是怕我会忘记，我只是怕我会忽略，忽略那些曾经与我擦身而过的一切，因为忽略而渐渐淡忘，淡忘的不是某些情节，而是一种情怀，一种对美好事物的向往，一种对恬静生活的热爱。

孩子们的行为，有时候大人们会觉得可笑而稚嫩，但是背后却蕴藏着他们深深的探索和发现。有些事，就和孩子的思想一样，需要耐心琢磨，你会发现不一样的味道……

不要轻易把伤口揭开给外人看，
因为别人看的是热闹，而痛的却是自己

可能我面相"知心"，总能听到很多人对我倾诉（抱怨），讲述他们多么的委屈痛苦，仿佛全世界都负了他。讲真，有时候我没法理解，毕竟我未曾经历他的经历。我也很难给出有建设性的建议，只能安慰一下，时间久了，我开始讨厌这种负能量的传递。

近年来，一些爆红的电视节目也开始流行炫"苦"，各种悲情往事，加上主持人诗一般的渲染，不知道的以为是法治纪录片呢！我更感兴趣的是故事之后的故事，谁的痛苦又得到解决了呢？热闹过后，有谁还有闲工夫惦记你的苍凉？生活这么艰难，谁顾得上别人呢？

强子是个挺善良热情的哥们，就是话多，而话中更多

的就是讲述自己过往的经历。无论在哪儿见面，什么时候见面，玩什么，听什么音乐，他总是在聊他经历过的那些烦心事，好像这世界上他是最悲情的男主一样。我呢，只能默默听着，因为我已经不知道安慰劝导过他多少次了，明显是一点用都没有啊。渐渐地，我不爱跟他一起出去了，虽然他真的是个好人，也愿意帮助别人，但我是真的听够了他的负能量。朋友之间倾诉一下可以理解，但次次都抱怨，真的是谁都受不了。哪怕偶尔给我点正面的信息也行啊，每天的生活已经够苦逼了，谁有那么大能量再去帮你扛负能量呢？更为重要的是，他吐槽的那些根本不是什么大事，都是鸡毛蒜皮的小事，同事不给他带早餐、上个月迟到扣了200块钱、丢了张公交卡……一个三十几岁的铮铮铁汉，整日被这些事弄得叽叽歪歪，还要把身边好友当树洞，这不禁不让人觉得可笑幼稚。

谁没有苦水想倒？可是倒出去真的有用吗？揭开自己的伤口给别人看，你能够愈合得更快吗？

我不得不再提一个姑娘，贞子。一个漂亮的姑娘，一个典型的"傻白甜"。去年，她被相处了一年的男朋友骗了钱，然后离她而去。为此她便将自己的故事编写成微小说，发布在各个论坛，不仅如此，还逢人便讲。她以为能够唤起大家的同情心，给自己点力量。可是没想到的是收获的全是负评。

"女主智商感人啊，男主明显是在欺骗她，这都看不出来。"

"'傻白甜'的代表啊，这种女的，不骗她骗谁。"

"太蠢了，开始可怜男主了，怎么坚持一年的。"

……

每每看到这些评论，贞子都好心痛，只能暗自抹泪。没人知道她是如何付出真心，如何想要好好爱下去的。是的，没人能知道，知道了也不理解。因为他们都不是贞子，没有义务去感同身受，只能看热闹，痛的只有贞子自己。

不仅如此，朋友聚会也不愿意叫贞子了，大家不想离开了工作还要面对这样一个"祥林嫂"式的角色。

情绪和能量都是能够传染的，学着去做一个有趣的人，让自己快乐起来，也把快乐传递给别人。别总是等待别人那句高大上的废话"加油"，要学着自娱自乐，遇到难过的事，想办法调整自己，对着狗学猫叫、cosplay、去郊外散心，哪怕去广场上和大爷大妈们跳广场舞，和人们一起感受生活的美好，把所有的小麻烦都讲成小笑话，把每一个碰到的人，都当朋友去相处，天塌下来也当棉花被盖着。试试看，你也会吸引很多有趣的人和有趣的事。

你忙着喷别人的时候，
别人已经用努力打了你的脸

我在时尚圈这么多年，可以说也算是阅人无数，牛人见过很多，艺人、导演、艺术家等各个领域……毫不夸张地说，往往很牛的人，都很低调。那些人让人看上去仿佛觉得他们有天赋才会有今天的成绩，但当你断断续续听着他们的故事，慢慢拼凑一幅幅画面，你会知道，他们根本躲不开那个俗气到土的词语——努力。

想到这我又想到了今天早上刷微博时无意中看到的微博热搜——这些喷子的恶毒之嘴。"喷子"这个词近几年才出现，往往是一些顶着"言论自由""民主"等高大上的理论的人，站在道德与伦理的制高点上用一些污言秽语去对别人的行为品头论足。其实，"喷子"也不是近几年才出现的，早在几十年前，甚至几百年前，这类人就存在着。谁谁谁状元及第，可能是因为高攀了哪个大老爷家的千金……质疑，本身就是人类最爱做的事情。从古至今，这一点依然没有被进化掉。

S小姐仿佛身上自带"被喷"特性，从初中到大学，背后总有人对她指指点点，给她起各种外号。当然，S小姐也确实特立独行，喜欢做一些"出格"的事情。比如高考在即的时候，大家都在等待这个决定人生的转折点，而她却突然宣布要"从艺"。从小立志当演员的她并没有能够当演员的脸，当然也没有打造这张脸的经济基础，于是她决定从旁入手，报考了几大著名艺校的"戏剧影视文学"专业，对自己的文学功底，S小姐还是很有自信的。就这样，别人每天做卷子背书的时候，她开始看艺考参考书、减肥、烫头发、做美容。她也成了调剂别人备考生活的"乐事"，时不时总有人说各种风凉话。没多久，她请了一个月假，到北京参加艺考。结果却如了他人愿，艺考、高考纷纷落榜。不过 S 小姐并没有从此"收敛"，而是变本加厉地折腾，出国留学、环岛旅行，还出了几本书。

现在 S 小姐在一家不大不小的公司做着自己喜欢的事，除此之外，她还准备自己创业，继续逍遥人生。

而回看那些曾嘲笑她的人们，依然做着自己的老本行——喷子。仿佛说别人的这些喷子，就是为了在诋毁别人而活一样，其实有时候非常让人匪夷所思。

对于自己不了解的，总是会自认为了解，然后质疑，甚至抹黑。比如说，某艺人演技被质疑，然后大家纷纷让人家滚出娱乐圈，我笑到抽筋，然后特想问："你们凭什么？"果不其然，这名被黑出新高度的女艺人最后通过努力出演了不错的作品，获得了高度认可。获得认可的不仅仅是演技，还有面对非议的豁达。

我其实倒是非常敬佩的，鼻子底下一张嘴，那些爱说的人，你如何堵住他们的嘴巴，那样他们也许就被活活逼死了。因为没有太大本事，说闲话已经成为他们的爱好了。

L 小姐的公司就有这么一个人，住着父母的房子，无忧无虑，还觉得自己特别了不起。一次，L 小姐和她讨论帝都房价，高谈阔论一番之后说："其实你也不在乎，反正你也买不起。"当然 L 小姐也不是玻璃心，一笑置之。因为 L 小姐去年就买了一套，只是她并没有对外宣扬。而那个人倘若脱离自己的父母，恐怕连生存都是问题。

像这样靠着父母地寄生虫有很多，念着自己家境优越，你凭什么还高谈阔论地挤兑别人？父母只是给了你宽松的条件，利用这些好的条件，你更应该宽厚待人，自强自立，而不是到处作！

蒂姆·高特罗对这类人的评价很中肯："你知道他们不是坏人，他们只是没受过教育、不谙世故、没出过远门、不道德、不文明，外加愚蠢。"

往往越是愚蠢，没有水准的人，越是习惯用那些污言秽语来描述自己一辈子都够不到的高度。我们都不是别人，重伤别人的时候，人家依然在努力生活，稍不留神你就会被打脸，到时候千万别喊疼。

Four

4

Four

去爱一个能给你正能量的人

肉肉是个地道的北京姑娘，爽朗仗义，她有一个大学时期就疯狂追求她的男朋友。男朋友家境较好，所以在一起没多久肉肉就辞职在家了，两个人在一起胡吃海喝。

一个情人节，肉肉想给男友买个礼物，但没提前准备，当然是因为压根就没有提前准备的习惯。肉肉好友劝她买束花就好，有一份心意比贵重礼物更有意义。这个好友的建议确实土了点，事实证明的确很失败。男友看到那束花很不屑，说道："这啥呀，扔了得了，也没地儿放。"肉肉听了挺难过的，不过她心也够宽，难过只持续了1分钟。

肉肉没啥爱好，就是出去郊个游、撸个串、侃侃大山，外加吹吹牛B，而肉肉的好友和她迥然不同，爱好广泛。学外语、学乐器，攒点钱就出国旅行。肉肉总说："你学那东西啥用，又不能赚钱。""别老出去玩了，有那钱攒起来买房子多好。"

肉肉除了去过一次三亚，再没出过北京。

当我想要写这样一篇文章的时候，第一个想起来的便是张爱玲。张爱玲有一句很有名的话："见了他，她变得很低很低，低到尘埃里。但她心里是欢喜的，从尘埃里开出花来。"好多文艺女青年特别爱在这句话上做文章，还觉得这句话挺美。一份失衡的爱，一份低到尘埃里的爱，开出来的花也是坏果子。

抛却政治因素，胡兰成也决不是个值得托付终身的男人。大多数时候，是张爱玲的钱养着胡兰成，甚至还得帮着他养女人。张爱玲真的是委屈的，她的心里只有这一个男人，而这个男人的心里却装着几个女人。

事实也证明，临水照花的才女张爱玲并没有在与大汉奸胡兰成的恋爱中开出美丽的花，却反而蹉跎了自己的人生。蹉跎的不仅是她的爱情，还有她的文采。

看到过一些文章，特别爱拿张爱玲和胡兰成的爱情与林徽因和梁思成的爱情做对比，时不时的，徐志摩也会躺枪。比如常见人提到的这个片段：

徐志摩在紧追林徽因时，发现前来寻他的妻子张幼仪已经怀孕，便说道："把孩子打掉。"现代医学如此发达，打胎也不是万无一失，何况那个年月，足以要人命的。张幼仪说："我听说有人因为打胎死掉的。"徐志摩回答道："还有人因为坐火车死掉的呢，难道你看到人家不坐火车了吗？"

能这样说话也难怪他躺枪得如此自然。当今女人在选择去爱一个人的时候，或看脸，或看财或才。往往忽略了灵魂。一个猥琐的灵魂足以杀掉若干人的人生。

就像肉肉，自从有了这么个男朋友，没了理想、没了志向，也没了挑战自己的勇气。如果能够一直坚持这样活在温室里，也并非是多么可耻的事情，可最大的问题是，她并没有能够一直被养在温室里。也许因为地老天荒的时间太长了，结婚不到一年，肉肉就恢复单身了。然后肉肉就靠着倒腾点小东西度日。

自己不够强大，有时候感情能够推进你去强大。因为能量是能够相互传递的。要知道，可以找到和你一起奋斗的人是多么的幸运和幸福，漆黑冷夜，他拥你入怀，和你卿卿我我，耳语衷肠。那么多困难面前，他挺你告诉你，别怕，有我，你只管往前走。让我们忘记什么"门当户对"，忘记什么阶级等级，只要我们拥有相似的价值观，相同的人生目标，便可以携手同行，很多事情只要看一眼，一切都已经了然于心。所以在一起，除了了解，还要能说到一起、聊到一起，那是再完美不过了。

拥有正能量的人，往往拥有大智慧，他们分得清世界的黑白曲直，不会被名利与浮华带跑。在你需要时给你中肯的建议，有原则不会跑偏。他们即使宠爱你，也不会宠溺你。

千万不要爱一个没有好奇心的人，他只会和你抱怨，只会抱着手机电脑寻找乐趣，好像除了电子产品再也没有乐趣。而拥有正能量的人，则往往对很多事情充满好奇，无论遇到什么样的新鲜事物都想尝试一下，会带你去尝试很多新奇的事情，带你去体验新推出的娱乐项目，带你去下一个陌生的城市旅行……当烦恼和困难来临，他们也不会牢骚满天，他们相信人定胜天，他们会想各种各样的办法去解决，即使最终依然没能战胜困难，他们也会坦然接受。

也不要去爱一个爱发牢骚的人，爱发牢骚的人往往就属于搅屎棍行列，疯狂传递负面情绪，这种人要么爱当"键盘侠"，以吐槽甚至跟风造谣为乐；要么以胡吃海喝为生。你认为这样的人能带给你什么呢？

"正能量"不是什么新鲜词了，但却不是每个人都有，好多鸡汤文里也说，要多给自己正能量，可是去哪儿找呢？除了自力更生，最快的捷径便是找人传给你，而这个人，往往是每天睡在你枕边的人。

和不喜欢的人在一起，就是在作践自己

　　经常有人问我很多感情方面的问题，其实我不是专家，只不过听过的故事多了，渐渐地根据这些故事有了自己累积的认知和解决办法。仅此而已。

　　毛毛是我认识的女孩子中很特别的一个。她有很好的工作，收入也不错。虽然长相普通，但是个子高高的，气质不俗。可是遗憾的是，她一直和一个有家庭的男子纠缠不清，这是我一直不能理解的。而纠缠不清的原因很简单，现在她身边没有她很爱的男孩。

　　小方就是和毛毛纠缠不清的男子，他有自己的工作，各方面条件都还算不错，并且还有一个4岁的女儿。他明知毛毛并不爱自己，却能为这样的女人放弃自己的家庭，

每日与她纠缠不休。

其实，他们经常吵架，几乎是三天一小吵，两天一大吵。可是奇怪的是，双方都没志气地很快和好。然后继续。周而复之……

其实单独来看，他们都是不错的人。但我对他们的交往，实在不能理解。男的每天就像上好了弦，到了下班时间就会出现在毛毛的单位门口。我认识他们的这段日子，不管刮风下雨，阴晴圆缺，几乎从来没有爽约过。我记得我说过：他是我见过最好的男朋友了。其实我话里的潜台词是：尿包！

而毛毛更是肆无忌惮地说过：其实她不爱他，只是现在也没有合适的男子。她其实心里还记挂着曾经分手的男友。我亲眼见证过，他们因为手机里的聊天吵架、为了喝酒多了撒酒疯吵架、为了圈子不同玩耍的伙伴吵架……

但是这样的争吵，很快都会烟消云散，然后两个人再继续去泡酒吧、聊天……

作为旁观者，我其实清楚这样的一种交往是不正常的，是畸形的，如果没有结果，无论对哪一方都是一种伤害，可是我能说什么呢？毕竟我是一个外人，他们的状况，只有他们自己最清楚。

终于有一天凌晨，毛毛给我打来电话，说小方喝多了，在四环主路撒酒疯呢，还开着车。毛毛当时肯定是吓坏了。因为车撞上了马路中间的桥墩。毛毛打了110，警察来了。酒驾……

毛毛说："姐，我以后再也不想理他了，太可怕了，他怎么是这样的人？"然后放下狠话，要和他生死两别，回去过自己的日子。

而小方也是在这次之后，和我之间的音信全无，我也没有再去找他。在我心里，他是个好人，但是他对待感情和家庭的不负责任，让我在心里暗暗看不起他，距离也就越来越大。不管是谁，都希望在交往朋友的时候，有一个正确的品质选择。他们发生的这件事情，我也吓坏了，但是我除了我的先生，没有和任何人说起。因为我觉得这是他们作的后果……是我早就预见到的。

之后的半年，相安无事。在我的理解中，他们就应该这样散去，女的去寻找可以爱的男人，而男的回去好好维系自己的家庭，照顾自己需要父爱的女儿。

然而，就在某一天的某一日，我在微信中见到毛毛，淡淡地问了一句，你们还好吗？她告诉我好。我心里想，经过那次之后她应该也不会再和我说他们之间的事情了。因为如果是我，我会觉得很丢脸，很没有骨气。然后她真的就是没有骨气地还继续和他在一起……

我希望我们每个女孩都能有质量地、有骨气地生活，选择对的，认识错的。

如何选择一个好男人，不是那种凑合的陪伴，而是你真心爱他。真爱足以感动一切。

做好一个男人，除了有社会道德观，还要维护好你的家庭，这才是爱一个人最好的体现。

前几天朋友圈一个姑娘在晒娃，我惊呆了，她什么时候结婚了，前段时间刚联络过，没说她结婚的事啊。

一问才知道，闪了。认识了几个月，就闪了，闪婚闪娃。太酷炫了。我问她：你喜欢他吗？她犹犹豫豫发过来一个省略号。然后说：说不上喜欢，但不讨厌，对我也还行。

这不是个特例，现在，这是很多女人婚姻的写照。如果去问，你爱你老公吗，相信很多人都无法斩钉截铁地回答，爱。或者说更多人不知道自己爱不爱，反正在一起了，也挺好的。嗯，是挺好的，也没离。尤其是一些20几岁的年轻人，动不动就约上个人，凑合凑合结了，也省得家人催了。

有些人不相信爱情，其实，不相信爱情的人，是因为自己不够强大，难以高攀"爱情"。如果你还憧憬爱情，那就不要轻言放弃。想要努力去爱。就要让自己变得强大，变得优秀。

备胎的自我修养

备胎，就是挂在车后面的橡胶圈。这东西天天挂着，但基本上一辈子都派不上用场，跟撞大运似的，得等哪个兄弟倒大霉挂了，自己才能出来露露脸，但很快就会被正式轮胎取代。更悲催的是，即使没被用上，没几年就会被别的备胎替换。

难道以人的身份当上备胎，命运就扭转了？做梦，只会更惨。

风筝和小米相识在一个仲夏，在人群中他一眼就看到了她。就是这一眼，后患无穷。那年，风筝 24 岁，小米 26 岁。小米意气风发，阳光温暖，是很吸引女生的那种男人。

小米家境殷实，也有份稳定又轻松的工作，可以说是无后顾之忧，生活自在写意。

　　风筝喜欢小米，是女人对男人的喜欢，小米也喜欢风筝，但是是男人对备胎的那种喜欢。因为小米有女朋友。风筝也不想成为小三，只是单纯对小米好。小米饿了，风筝的"外卖"比美团送得还快；小米和女朋友吵架了，风筝就出来陪小米喝酒；小米手机丢了，风筝会买新的送给小米……就这样足足坚持了三年。

　　小米的女朋友心也足够大，不介意风筝对小米好，或许是因为对自己足够自信。但没多久，还是和小米分手了，因为她要出国深造。小米大醉了一场，是风筝将小米扛回家的。一个晚上，风筝帮小米擦脸、喂水、洗吐得乱七八糟的衣服、擦满是呕吐物的地板……在沙发上睡了两个小时后，又开始给小米准备早餐。

　　几个月后，小米有了新女友。这姑娘可没那么大气，她不喜欢小米和风筝来往，所以小米见风筝的次数越来越少，微信上也不怎么回复风筝的消息。偶尔一次小米叫风筝出来一起吃饭，风筝足足开心了一个月。

又是一个半年，小米又恢复了单身。他和风筝见面机会多了，一起看看电影、吃吃饭。风筝很满足。没几个月，小米结婚了，当然，新娘并不是风筝。

风筝哭了一场又一场。

没错，风筝兢兢业业履行着女朋友的义务，但还是没能收获爱情，就是因为她没能认清自己的备胎地位。等待是没有意义的，等来的不是爱情，除非你高尚到不计回报。

让我来告诉你备胎们最常相信的五大谎言吧！

1. 一起吃饭啊！

备胎心理：男神（女神）想和我一起吃饭。

血淋淋的现实：今天亲爱的 XX 没空，那就和 XX（备胎）一起吃饭吧，一个人太没意思。

2. 我们永远是好朋友。

备胎心理：只要我再努力一点，再等等，就变成男（女）朋友了。

血淋淋的现实：早已习惯你对我好了，只是习惯。

3. 不说了，我先睡了。

备胎心理：他（她）累了，去睡了。

血淋淋的现实：他（她）只是不想和你说话了。

4. 我要和男（女）朋友分手了。

备胎心理：我有机会了。

血淋淋的现实：我只是难过，想找个人说。

5. 晚上送我回家吧。

备胎心理：他（她）是不是对我有意思。

血淋淋的现实：只是想找个人送我。

备胎总是有一种特异功能——自我催眠。觉得自己特受信任，特有价值，特悲壮，只要他们分手，自己就有机会转正。智商多么感人。你最大的作用也就是树洞，遇到人渣你还可能是银行。你傻傻分不清楚的时候，人家可拎得很明白。毕竟是你心甘情愿挂在车后面当备胎的，不但为他（她）解除了后顾之忧，还扫清了道德上的顾虑。

曾经有过一个朋友，她也是非常坚定地喜欢过一个男子，半夜接男子回家，给他置办家用、服装，甚至像司机一样随叫随到。但是当她发现她不过是男子生活里的一味调味品的时候，痛心疾首，自尊心大大受到打击。因为没有哪个男人会拒绝一个女人对他好。

她用真心希望获得一份美好的感情，哪怕并没有天长地久，一切以男子利益出发，保护他、包容他，甚至忍耐他的忙碌和少有的联系及偶尔的失踪。

因为他，她做过很多傻事。而且默默地从不向他申诉，只是忍耐。

直到有一天东窗事发，她问他：难道你一直只是当我是备胎吗？男子也毫不避讳地告诉她：是的。

那么，问题来了！

如何确认自己的备胎身份？

他（她）一直不肯给你介绍他（她）的家人朋友；

他（她）一直不肯公开和你的恋爱关系；

他（她）不太爱理你，但你要是不理他他就来找你；

他（她）总是表现得很忙，但却有时间和别人一起；

他（她）偶尔也会对你很好，但总是若即若离；

他（她）总是不明确拒绝你，也不明确答应你；

他（她）一有麻烦就找你，好事却从不想着你。

……

如果你中了大部分，那么恭喜你，你极有可能已经是备胎了。赶紧清醒过来，撤退吧。

备胎的命运极少数能得"善终"。

有人不服，认为日久能生情。

就因为有你们这样的傻子在等，让那些人觉得有了后路，有了保险，才更加肆无忌惮，"大不了，我就和XX在一起呗！"这句或许能够让你欣喜若狂的话十有八九不会实现，如果你非要用百分之一的概率向我挑战的话，那么你赢了，因为你已经不再是备胎了，已经荣升为补胎工具了。

谈谈"脑残粉"

以前爱看的节目，现在不爱看了；以前崇拜的偶像，现在不崇拜了，可能表示我们的人生迈向了新阶段。曾经迷倒你的，那些人的魅力或智慧，都只是你人生的阶梯，你一旦踩过它而往上，回头看时，你会诧异那阶梯既不亮眼，也不崇高了，因为你已越过它。

——蔡康永

国内娱乐产业迅速发展，催生了很多艺人爆红，随之而来的还有一类人，被称为"脑残粉"，这些人除了接机、跟拍，严重的还要蹲人家门口，除此之外，还活跃于微博、论坛等一切能够发言的地方，目的只有一个——为自己的爱豆（偶像）辩护。这些人天生都是做律师的材料，口才真是一级棒，无论多么无厘头的借口都想得出来，也都说得出口。

不管是艺人还是其他领域的名人，只要够红的，身后都有一群脑残粉。国内对于这些名人的称呼总是爱冠之以"明星"，我特别讨厌这个略显浮夸的词。我更喜欢用"演员""艺人""歌手"等职业性词汇来形容他们。这也是对他们职业的尊重。

迷恋一个艺人、迷恋一部电视剧、迷恋一部电影，实际上都是在追逐美好，美好的颜值、美好的爱情……而戏外的那个人对我们而言，就是个陌生人，可能连颜值都是假的，很多"脑残粉"拼命追逐的大多是自己幻想中的人，恰好某个艺人刚好有一点或几点符合，他们便把这个人框进去，认为他就是自己的"星"。

日本艺人锦户亮的粉丝送他用过的带血的卫生巾，因为"我要你知道我的一切"；杰克逊去世，12名粉丝自杀；刘德华粉丝逼死父亲……这种新闻层出不穷。当然，不可否认，这也与媒体过度"神化"艺人有关，但更多的还是内心的畸形导致。

我认识的人中，也有不少疯狂的粉丝。竹子疯狂喜欢韩国某组合成员，为此不惜多次往返韩国，只为一睹爱豆尊荣。好不容易有一次能够靠近爱豆，她紧张得不得了，小心翼翼地将事先准备好的礼物递上去，令人意外的是，那个男艺人连看都没看，就更别说接了。就算不是玻璃心，此时此刻想必内心也被石化了。同样喜欢某演员的小草就比较理性。她从来没见过心中的"男神"真人，但只要他上映的电影，必去看两场；只要他代言的产品，也一定去买；他出过的专辑，她一定买来听。小草也很满足于此，这种纯粹的喜爱和支持同样也带给自己动力，希望自己也能够如他一般优秀。一次，他参加一场商演活动，小草熬了两个晚上做了一份策划案，最终公司选中她来筹备这场演出，也因此她见到了爱豆本人，并和他交流了很多想法。

前几天在网上看到个很有趣的帖子，说"脑残粉"大多颜值低，尤其爱去机场接机的粉丝们，大多身材走形、蓬头垢面，甚至还有小眼睛＋大脸的标配，虽然他的话语有些偏激，但他有句话我很欣赏——灰姑娘见王子都要精心打扮，也没见她自行到掸掸灰尘就奔向皇宫。

努力让自己优秀，你的爱豆也希望你通过他的影响力提升自己。当你成为某个领域的佼佼者，过得很幸福的时候说：我走到今天，有一个原因是受到 XXX 的影响。想必这是送给他最好的礼物。

虽然我颜值低，但我眼光高啊

瓶子是个奇葩中的奇葩。他的星座也是个奇葩，水瓶座。

他整日自认为是帅气与智慧的化身，实则他的出生成功避开了这两个词。如果非说他有什么能称得上"帅气"的，那就是他的字了。瓶子写得一手好字，字字如龙，透着份冷傲孤清。

上学的时候，他经常骑着个破山地车，招摇过市。偶尔后面也会坐个姑娘，但别误会，真的只是搭车，姑娘脸上写着：他不是我男朋友。

但瓶子的异性缘出奇的好，那时候的女生都比较善良。不只异性缘，他的狗屎运也特别多。下课就溜了，放假就泡网吧，但考试成绩永远名列前茅。最让人不齿的是他竟然交了个萝莉女朋友，小萝莉聪慧可爱，白白嫩嫩，还挺漂亮。

两个人一起玩，一次吃，一起运动，一起写日记，当然是小萝莉写得多一些，但并没有一起睡。这份纯真的感情依旧没能躲过毕业，没多久，瓶子和小萝莉分手了，是小萝莉提出来的，瓶子也没有拒绝和挽留。

分手后，瓶子依旧是"妇女之友"，很多女生喜欢跟他玩，我很大程度上认为，女生跟他玩是因为安全，不会爱上他，自己也就不会受伤。大学期间，苍天无眼，瓶子又交了个美女女朋友，这可真是惊天地、"气"鬼神的大事。瓶子身边的朋友纷纷表示不满，这货难道从出生就"开挂"了？

几年后，瓶子从事了一个人神共愤的职业——程序猿。在国内某电商企业工作，工资节节高升，一起高升的还有体重，有时候看到胡子拉碴的他，眼泪都要掉下来了，是什么让他丑成了这样？

和他侃大山是个乐趣，他这人女人缘好其实就是因为一张嘴，女人往往逃不过男人的嘴。我经常问他，为什么说话那么禽兽。他回答，胡说，我这明明是禽兽不如。

他到底有多"禽兽不如"？他有一个女性朋友，一直当他"男闺蜜"，某次因为某些原因，那个女生想要轻生，轻生前在QQ上叫他：

闺蜜，我要死了。

瓶子当时正在电脑游戏中你死我活，淡淡回了句：哦。

女生看到后气疯了，老娘我当你是闺蜜，我都要死了，你还"哦"，"哦"个毛线啊！为此，女生放弃了轻生，发誓一定要死在瓶子后面。

这件"禽兽不如"的事情，瓶子后来死不承认。

瓶子除了喜欢萝莉，还喜欢动画，他喜欢《火影忍者》里的一段话：

我本来想过着随便当个忍者，随便赚点钱……然后和

161

不美又不丑的女人结婚生两个小孩，第一个是女孩，第二个是男孩……等女儿结婚，儿子也能够独当一面的时候，就从忍者的工作退休……之后，每天过着下象棋或围棋的悠闲隐居生活……然后比自己的老婆还要早老死……

当然，这是他极少数正常状态下所想的。而大多数状态下，他喜欢漂亮的。谁不喜欢漂亮的？把"外表"当作爱一个人的参数并不可耻，只是"漂亮"在每个人心中定义不同。瓶子认为，大家都是以貌取人的，因为都是从陌生到熟悉的。所以才会有"人不可貌相"，或者"道貌岸然"这些成语的出现。

瓶子没啥理想，因为他认为理想随时都会变，不如做自己眼前喜欢的事来得划算。对于他这种自恋满级的高手而言，也躲不过现实。他也进入了大龄剩男阶段，不，严格意义上来讲，瓶子是个地地道道的处男。为啥是处男，他说因为没机会。他免不了俗地相了几次亲，他不是不想恋爱，而是喜欢他的女人还没出生。

他对萝莉的执着令人动容，还真有萝莉倒追他，每个人都有属于自己的魅力吧。很多女人认为一辈子只能爱一个人，瓶子对此很不屑。他认为这个挺难的，人的一生会遇到太多的人，会被各种人影响、改变。所以保不齐下一秒你就爱上谁了，会有很多让你怦然心动的时刻的。

颜值不高，但眼光高的这种人，一直被很多人鄙视。认为人应该撒泡尿照照自己再去选择别人。可颜值不高不是我的错，眼光高却是我的自由，毕竟，另一半代表了我的终极品位。

我们在路上看到一对颜值稍有差距的情侣，往往会带有偏见，总觉得颜值偏高的一方亏了，或者颜值偏低一方走了什么旁门左道。这种"有色眼镜"也催生了"般配"一词。这个词根本没有存在的意义，什么叫"般配"？就是你觉得顺你的眼，但却不一定顺别人的心。

喜欢长得好看的人没什么错，谁不喜欢美好的事物。你喜欢内心美好的，我喜欢脸美好的，各取所需。

所以，别再说"也不撒泡尿照照自己""癞蛤蟆想吃天鹅肉"这样的话，这充其量不过是你对别人梦想的看不惯。

不出现，不打扰，是我最后爱你的方式

　　狮子猫，是一个东北大妞。

　　一般情况下，东北妞给人的感觉是大大咧咧，没心没肺的。其实还真不是这样，每个姑娘心里都住着一个温柔的天使。

　　我要说的这个狮子猫，就是一个比较特别的姑娘。她这名字来源于她喜欢的两个长腿欧巴，巧的是，她的性格还真是又像狮子又像猫。

　　我们都知道狮子有"兽中之王"的称号，我们也知道传说中猫有九条命，也乖巧聪慧得很。她像狮子的时候就跟东北的"窜天猴"似的，霸气十足、威力四射。像猫的时候，又跟韩剧女主角似的，羞羞答答，温柔可人。还有

更巧的是，我们的主人公，她还真在泡菜国待过两年。在韩国这两年，可是见证了各种地域文化，尝尽各色美食，痛并快乐着。

说起去泡菜国的原因，还是因为高三伏案苦读时的一天，抬头瞟了一眼电视，正巧电视上正播放某组合出道视频，这一看不得了，真是"只因为在人群中多看了你一眼，再也没能忘掉你容颜，梦想着偶然能有一天再相见，从此我开始孤单思念"。怎么也就忘不了了。一时冲动，狮子猫偷改了高考志愿，就这样追随偶像去了。这一去倒也让她学了套饿不死的本领——韩语。

韩语不如英语一样全世界通用，但是会说韩语是件很拉风的事情，因为狮子猫的聪慧、敏锐、霸气，让她在学会了韩语后在韩国如鱼得水。

狮子猫没有男朋友，那时候她觉得要男朋友干吗？也没有什么实际用处。但不喜欢别人叫她"单身狗"。因为她认为，狗在她这个年龄都已经死了。她单身，是因为年少轻狂时，受琼瑶奶奶严重洗脑，脑洞里充满了"山无棱，天地合，才敢与君绝"的动情爱情故事，信念太深。亏了她没生在大明湖畔，不然还真活脱脱一个夏紫薇。可怜的是，她的尔康一直遥遥无期。

狮子猫口味奇特，喜欢异国男。也不知道是不是巧合，被她喜欢上和喜欢上她的都是异国人士。也许她天生就有异国恋的缘分。用她的话说，她不符合国人审美标准，事实确实如此。狮子猫没有大眼睛，也没有锥子脸，但是她有一颗在逗比和温柔中翻转的心。

狮子猫喜欢泡沫剧，喜欢追着电视剧里面的情节，有时候也会羡慕里面的男女主人公。也不知道是不是中了诅咒，她的爱情也如同泡沫剧一样狗血。她平常眼睛长在脑顶，对男士总是怀有偏见，一般男子还真是难以走入她的法眼，她是挑剔和苛刻的。

但是 H 君的出现结束了她的高傲，改变了她的性格，也改变了她一贯的审美标准，比较残忍的是，狮子不见了，只剩下了猫。

与 H 君相识于工作中，按狮子猫字典查询，H 君绝对不是她喜欢的类型，可这孽缘孽就孽在偏偏狮子猫对他笑了，就这样，她对 H 君一见钟情了。补充一下，H 君也是个异国人士。

一见钟情这四个字，我认为是最不牢靠的，因为感情基础薄弱。但是一见钟情往往比较浪漫刺激，常常能够带来不一样的风景。

面对爱情，狮子猫属于犯贱型，并且特别怂。对于 H 君，她全靠推理和猜测，连人家是否有女朋友都是靠她自认为的"福尔摩斯双鱼第六感"推测出来的。所以说，脸皮太薄也有弊端。

她与 H 君的交流基本还都是工作，好像工作就是谈恋爱一样，甚至屁大点的事情，都要分解成好多次说明。

H 君这个人吧，也不知道是星座使然，还是文化差异，嘴略贱，有一套撩妹本领。而蠢蛋狮子猫偏偏就爱这一套。除了狮子猫本人，她身边的朋友没一个觉得 H 君靠谱的。

一天，狮子猫外出。突然接到 H 君电话，狮子猫差点激动地从地铁上跳下去。

"怎么又翘班？是不是出去相亲了？"

"啊，是啊！"

"怎么不带上我？"

"好啊，下次带上你。"

"有没有像你这么漂亮的？"

"那可没有。"

"那我可不要。"

就这么一句玩笑话，让狮子猫小鹿乱撞了。有点失落，又有点难过！

这种玩笑开多了，就让狮子猫有了错觉，认为自己有可能走入了 H 君的心。男人有时候就这样讨厌，利用我们的专注故作文章。其实，男人不分年龄，不分国度，都是一样的。

她开始学写 H 君认识的文字，然后就开始写"情书"，真的是"情书"，像书一样厚的"情书"，连写带画一大本。然后还做了一个自认为浪漫其实十分傻 X 的计划：要在相识一周年的时候表白，还要来个跨国超级大表白。

这可是狮子猫人生中第一次这么勇敢，为此她自豪了好久。

那一天，她登上了去往 H 君国家的飞机，同时将"情书"寄到了 H 君公司。就在她着陆的第二天，很不幸，她知道了个如晴天霹雳一般的事实——H 君已婚，孩子不仅能打酱油，还能打醋。要问她怎么知道的，还得感谢当地能够上 FB，而 FB 上恰好跳出来"您可能认识的人"，而 H 君恰好就在"您可能认识的人"中，接下来不用我说，您也能猜到了。"恰好"多了，就演变成了"荒唐"。

而此时此刻，狮子猫脑中的第一个想法是：要是我和 H 君生个宝宝，应该会比这孩子漂亮。然后停顿了 30 秒，狮子猫开始嚎啕大哭。思考了一个晚上，狮子猫在朋友圈写了一首诗，还是改编自普希金的：

我曾经爱过你，也许，你永远都会停留在我的心里，但我一点都不想去烦扰你。

我无言、无望地爱过你。忍受着怯懦和嫉妒的折磨，那样真诚地爱过你。

可惜上帝已赐给你另一个人，希望她能如我一样爱你，也希望你更加珍惜。

我会坚强地爬起，勇敢地呼吸，用另一种方式将这份爱延续。

别了，我的爱，

从此，我们不再相识。

我也不再写有关你的文字。

愿来世，你我能早些相知。

这文字我看来也是够蠢的，全情付出没有错，但要选对人。

H君也是够速度的，第二天就给出了回复，除了感谢的废话，还说什么普通朋友是给狮子猫最好的定位。狮子猫伤心过度，但意识还算清醒，朋友你妹。

身边知情好友埋怨 H 君，说朋友圈里一点已婚痕迹都没有，一年来，连提都没提过。但狮子猫已经找回了狮子，她不再纠结于此，这次她没有上演泡沫剧，没有像女二号一样去询问"如果没有她，你会不会爱上我"这样的脑残问题，虽然我猜她一定很想知道。

生活还要继续，面对现实，狮子猫依然飞扬跋扈。在狮子猫心里，做不成爱人，那就老死不相往来，从此，狮子猫消失在 H 君的世界里。用狮子猫的话说：不出现，不打扰，是我最后爱你的方式。

而他也足够知趣，再也没有出现在狮子猫的视线里，一切回到了原点。

这段荒唐可笑的经历，狮子猫足足平复了两年。在她心里，真心是没有错误的。为了更好地改变自己，两年内，狮子猫换了工作，学习了更多的技能；出国旅行，见识了更多美丽的风景。除此之外，她每天依然咆哮疯狂。

行文至此，狮子猫还没等到她的欧巴，不过据说她还是相信爱情，并且对浪漫贼心不死。我曾问她为啥这么执着于浪漫，不知道浪漫都是只浪不慢吗？她猛灌了一口"炸弹酒"，来了一句：我要和平淡的生活正面交锋。

其实15岁的时候，狮子猫就受过一次不大不小的"情伤"，还给自己喜欢的人写了封信，信里自作主张地定了个"五年之约"，说五年后她要回到曾经的学校操场上，希望对方也去，让彼此再相遇一次。这么玛丽苏的剧情真是醉了，但天公不作美，五年后的那天，狮子猫并不在国内，她虽然依然记得这场"五年之约"，但当时的她并没能飞回国内履行，自然男主角有没有出现在操场也就不得而知了。

有过这样一场"单恋"的经历，以至于当她看日剧《一吻定情》的时候哭成了狗，她觉得自己和女主角"蠢"到一起了，却没有女主角那么好命，"抱得美人归"。她说："活在这个世界上，很短，也很长，值得我们玩味的事情有很多，唯独爱情不能玩味。"为爱而生的她，也在为了遇到爱而努力。每天一点一滴的努力，让自己变得优秀之后，总会遇到更优秀的那个人。为此，她学习护肤、化妆、穿搭，学习外语、乐器，读书、习字、写诗，还用她的玛丽苏大脑创作属于她自己的剧本。

　　我没觉得矫情，反而有点感动。

你再好，也不是我的良人

最近有个词频繁刺激着众多男男女女——单身狗。很多人已逼近30，甚至跨越了30，但却依旧单着，还自黑自己为"单身狗"，其实狗到这个年龄都已经死了好吗？

谈到"爱情"，女人往往会想到琼瑶、张爱玲、林徽因、张小娴，但也只是想想，然后继续单着。更应景的是，很多电视节目也"丧心病狂"地专挑这群"狗"来虐，什么结婚吧、相爱吧，他们只好独自抱着"狗粮"泪流满面。然后到了春节，就会遇到各种喜闻乐见的"催婚"活动。

这种社会大环境背后，催生了很多的悲剧。爱情成了快餐，没了滋味。

大虫是个还算漂亮的姑娘，工作也中规中矩，但由于圈子小，接触的单身异性极少，家里一直催促，她自己也着急，担心自己嫁不出去。于是开始了"网恋"，遇上了胖子。两个人很快就走到了一起，两个人都急于进入婚姻，自然什么都很快。没几个月就见了家长，据说很快就要结婚了。他们是否相爱，相爱到什么地步，至少从大虫嘴里，我没有听到。

　　爱情，原本是一种感觉，可如今更多人将它变成了条件。大城市的爱往往都是两颗孤独的心抱在一起取暖，是否相爱早已不是必备。真正的爱情，应该是只有那么一个人，你说不出他哪里好，但就是抹不去也忘不掉。有了他，你突然有了软肋，也突然有了盔甲。

　　总听别人说："爱情这东西有啥用，结了婚还不是柴米油盐酱醋茶，找个条件差不多的就得了。"这种人吧，往往都是生活的 loser，他们像传销一样想要拉人入伙，以获得一种心理平衡。

　　说到这里，我必须要提一对我认识的老夫妇，他们年近八十。两个人都是大学教授，他们离开家乡，在异地的一所大学里教书。他们住在学校的宿舍楼里，每天只要出门一定是手牵手，每天早上还都保持着亲吻额头的习惯，他们的房间很整洁，丈夫经常会亲手烹制各种料理给妻子。他们每逢假期，会到各地去旅行。可以说，他们的生活很精致。前几年，丈夫在回家途中的飞机上心脏病突发离开了人世，妻子变成了孤身一人。但她很快恢复了平静，带着对丈夫的想念，依旧过着精致的日子。

生活每天都有想不到的事情，爱情也一样，就看你是否相信。

猴子是个地道的北京大妞，性格爽朗，爱玩爱闹，虽不算绝品佳人，但也称得上漂亮。她有一个对她很好的男朋友，冻鱼。冻鱼对猴子基本百依百顺，猴子发起脾气绝对惊天地泣鬼神。除此之外，猴子在公司里还有个很要好的同事，W 先生。按年龄算，W 都快到长辈级了，而且，W 先生已有妻子，还有一个 10 岁的孩子。两个人十分要好，自然也引来大家不友好的眼光。

没多久，猴子出其不意，和冻鱼举行了很昂贵的婚礼。

半年不到，猴子又出其不意，和冻鱼离婚了。还真的和 W 先生扯了证。

这段故事被传得沸沸扬扬。

猴子说，自己是为了爱情。

其实，她早已背叛了爱情。

小三扶正并不是什么新鲜事，毕竟老话说得好，没有拆不散的家庭，只有不努力的小三。也不去评论猴子如何恶心了两个家庭和一群人的人生，我只是想表达有太多人，会错了爱情的意。

爱情就是——你再好，也不是我的良人。

我们一生总会遇到形形色色的人，当然，也有形形色色我们心中的"好人"，他们的某一点令你心动，但他们都不能算作你的良人。婚后爱上他人，亦或爱上一个已婚的人，都不能算作错误，只能说是时空交错下的凄凉。但如若你往前走一步，那便是作践了自己，也恶心了他人。

所有的旧情复燃，都是重蹈覆辙

　　小辣椒有严重的情感洁癖，而她的男朋友面面的恋爱经验却硕果累累，前任手拉手可绕三环三圈半。

　　小辣椒爱上面面是冲着结婚去的，而面面似乎也收敛了不少，微信、QQ 把前任姑娘们都拉黑了。

　　小辣椒就像个新媳妇一样，把面面家的装饰扫荡了一遍，一点前任的痕迹都没有了。

　　那次是面面的生日趴，这么好的机会，小辣椒自然要大显身手，以显示自己女主人的地位。生日趴来了好多朋友，好多小辣椒都不认识，但也热情招待着。但真所谓人算不如天算啊，就在这些人中，有一个人的出现着实吓到了面面，他前任大军中的一员——羽毛。羽毛是与面面一起奋斗多年的工作伙伴，可以说现在面面事业的半壁江山都离不开羽毛的支持。面面和羽毛有过一段恋情，虽然短暂到我们还没有反应过来，他们就火速分了手。这段往事小辣椒当然是不知情的。

这天羽毛带着未婚夫来的，羽毛见到小辣椒自然是有些酸的，尽管我们这些知情人士一个劲儿打岔，但也没能化解得了小辣椒心中的疑虑。

因为羽毛的出现，生日趴不欢而散。前任这股负能量，已经开始慢慢侵蚀他们之间的信任。小辣椒跑出了包房，面面并没有追出去的意思。我问面面，当你想起结婚两个字的时候，心里出现的是谁的脸？

面面犹豫了一下，说是小辣椒。他说她是个好女孩，但是他们的感情基础还不够牢固，总是觉得距离结婚还差了一些。而羽毛帮过他，在他最艰难的时候，所以心里一直感激她，也确实没能忘记她。

后来小辣椒和面面和好了，相安无事了一段时间。但面面的心却因为羽毛的出现还是波动了。他与羽毛再次联络了起来，背着小辣椒。小辣椒知道后伤心欲绝，尽管她也相信二人并未越雷池，但她无法接受这种欺骗。最终小辣椒和面面分了手，任凭面面如何央求，小辣椒还是头也不回地走了。还要补充一句，羽毛已经和未婚夫结婚了。

面面和我讲起的时候，一个三十多岁的大老爷们竟然流泪了，但我一点都不可怜他，还送了他两个字——活该。尽管我知道，面面是爱小辣椒的，对羽毛并不是爱情。

开始一段新的感情，不可能做到对过去的格式化，只可能是另存为。但如果你与过去牵扯不断，你的现任很快就会成为你的前任。有时候，留恋的不是爱情，而是不再占有，尤其当旧爱成为别人的新欢的时候，醋意多多少少会在内心翻滚倒腾。

还有一些奇葩的存在，就是当和现任吵架或者遇到难过的事情的时候，贱嗖嗖地去找前任倾诉，原本是"女汉子"，在前任面前还要演一次"绿茶"，然后前任柔软的内心一悸动，妥妥又一次全垒打。姑娘们，如果不再喜欢，就请别犯贱，真的，作践了自己，更践踏了你们曾经拥有过的美好。一不小心，你倒成了"小三"，节操瞬间碎一地。

我们经历过很多因为前任的出现而打乱现在生活的例子，很多现实都血淋淋地告诉我们，分开就是朋友，可微笑示意，可略表关怀，但是要顾及现任的心情。因为很多东西和感觉用语言是说不清楚的，剪不断、理还乱……

你说何必给自己找麻烦呢？

每一段爱情都是以小鹿乱撞开始，可能也会以悲剧收场。这时候，老死不相往来的淡忘才是最好的结局。别想着相见亦是朋友，这句话极有可能给你带来二次伤害甚至更大的灾难。拥有的时候好好珍惜，如果不幸错过了，那就怀着祝福别离吧。

因为没有谁的心宽大到足以装下你的过去，你若想轻松生活，请你远离过去的感情，珍惜当下，过去是用来怀念，而现在才是你幸福的开始。

每一次告别，最好用力一点

编辑约我写故事，悟空是我第一个想起来的人。人如其名，她就如同七十二变的孙猴子一样能折腾。

认识这个家伙的时候，我还是清纯少女，那年，帝都的房价还不到5Q。

那时候每个社区都有自己的论坛，而我则是某个论坛的版主，颇具人气。很多年轻人在一起，我们维权、我们讨论装修、我们一起玩那时候最火的杀人游戏，简直是废寝忘食，不亦乐乎。

悟空在逼格较高的广告公司上班，她有着大眼睛和令人嫉妒的长睫毛。我们住的地方很近，又加上当时她还是只单身汪，于是我们几乎有空就泡在一起折腾。

我们有几个固定的据点：我家里、荷叶家里、粥粥的小酒吧、露露的店里……主题非常单一——玩杀人游戏。我的口才想必都是那时候培训出来的。女人在一起，自然少不了八卦话题，今天谁和谁在一起，明天谁和谁分道扬镳了等等。再一个出镜率最高的话题，就是男人。单身汪们，花痴起来"丧心病狂"，可悟空基本不发表意见，就我们几个叽叽喳喳。

后来一个偶然的机会，得知悟空是有男朋友的，但那个男人已婚。听了这件事，我立刻知心大姐上身，拼命规劝她放手。虽然她没听我的，但通过这种交流，我们的关系更近了。

任何一种生活形式，都像一个产品，有兴衰就有灭亡。人生都是走抛物线，有高有低，任何一个事物都会慢慢地走向平静。

后来，我换了工作，去了房地产公司做运营，悟空也换了一家公司，还是广告。随着时间的推移，我们都越来越忙。小区的姐妹兄弟也各自有了自己的家庭、新的朋友，自然我们在一起聚会就越来越少。

好消息是悟空交了新的男朋友，开始了新的生活。

当时她开的还是QQ，而我也开着一辆不新不旧的小别克，我们偶尔遇到也会摇下车窗打个招呼。

朋友嘛，没有能永远腻在一起的，每个人的生活轨迹不同，谁又不是谁的过客？

原本我以为日子会一如既往的平静。

一天，

你知道吗？

悟空病了？

啊？

是什么病？

白血病！

我张开嘴巴，半天没有说话！然后自认是汉子的我哭了。

我开始四处打听她的消息，去她家敲门，去找她单位的电话，在 QQ 上下雷阵雨一般喊她，不停打她电话……可这个家伙真的像悟空一样消失了，而我又不是如来佛。

她很好强，我知道她一定是躲了起来。她不忍我们这些人看到她绝望的目光，她连让我们陪她一段路的时间都没有留给我们。

慢慢地我明白，不是她疏远我们，是年轻的我们那时候还看不懂恐惧。其实她是有意识离开，一天一点点，而我们傻乎乎的竟然无察觉。

我因为这件事情，责怪了自己好久。我后悔不曾用力地与她告别过。

再后来，所有人都知道了这个消息，而与此同时，那一年玉兰花的时节，悟空永远地离开了我们。

在韩寒电影《后会无期》中有这样一句台词："告别的时候一定要用力一点，多说一句，说不定就成了最后一句；多看一眼，弄不好就是最后一眼。"

▼

马，是非常通人性的动物，

每次骑马前，我都要和它沟通好，

不要把我摔下来，

果然，我没有摔下马过。

坚持自我
哪怕与繁华 背道而驰

智莉

徐嘉一

▼

在孩子的世界中，
都是简单而美好的。因为他们每天都迎着
阳光过着最简单的生活。

夏 六月二六日

徐嘉一

▼

女儿的美术课写生。